● 오늘 복귀 첫날, 엄청나게 정신없는 하루를 보내고 친정에 맡긴 아이를
생각하면서 이 글을 보다가 왈칵. ㅠㅠ 혼자가 아니라는 생각에 힘이 납니다.
모두 파이팅! ─ 아이디: choi_nr

● 오늘 제가 복직 D-7이네요. 복직 결정하기까지 틈틈이님 포스트 글 보며 힘냈네요.
지금 베이비시터 이모님과 아이 둘만 두고 거의 일 년만에 친구와 점심 먹으러 나왔는데,
CCTV 속에서 엄마 찾으며 우는 아이 모습에 서둘러 집으로 향하는 마음이 너무
아프네요. 저희 아가도 저도 잘해낼 수 있겠죠? ─ 아이디: seorojoa

● 전 책상 위 가장 좋은 자리에 아들 사진을 두고 옆엔 꽃병을 둡니다.
누군가 내 자리에 왔을 때 환하게 웃고 있는 아들에 시선이 가도록 해요.
결혼하고 아이를 낳고도 안정감 있게 일할 수 있다는 걸 보여주고 싶어서인데,
그게 열 마디 말보다 나에게 힘을 줄 때가 있거든요. 나도 내 아들도 괜찮죠?
뭐 이런. ㅎㅎㅎ ─ 아이디: yami114

● 저희 엄마가 워킹맘이셨어요. 제가 17살까지 일하셨고 전 자연스레 외할머니
손에 컸어요. 워킹맘이 흔하지 않던 시절 친구들이 부럽기도 했지만 지금 제가
워킹맘이 되어 내 아이를 친정엄마 손에 맡겨놓고 보니 그때 경험이 큰 위안이 됩니다.
제가 잘 자란만큼 우리 아이도 충분히 잘 클 거란 믿음이 있거든요.
아마 웅이, 결이도 충분히 예쁘게 잘 자라 틈틈이님의 자랑이 될 겁니다!
─ 아이디: suho1004khm

● 모든 워킹맘의 가려운 곳은 속 시원히 긁어주고 아픈 곳은 토닥토닥 감싸주는 글에
매번 감동합니다. 복직이 다가오니 더욱 틈틈이님 포스트에 자주 오게 되네요.
아플 적마다 이곳으로 오겠습니다. 틈틈이님이 곁에 있어 든든합니다. ^^
─ 아이디: 비행소녀

● 내가 아이를 맡기고 일을 하러 나온 건, 단순히 경제적인 부분보다
일을 좋아하는 마음 때문이라는 것이 어떤 때는 아이한테 더 미안할 때도 있죠.
아이보다 내 자신이 우선인거 같아서… 그래도 늘 주문처럼 되뇌입니다.
"엄마가 행복해야 아이가 행복하다. 내가 행복해야 아이가 행복하다."
미친 듯이 일하면서 남들이 부러워할 만한 성과도 내고 평가도 받아보고 싶다가도
난 또 시간에 맞춰 퇴근해야 하고 허탈할 때도 있지만, 지금은 정말 출근하고 있는
것에, 내 책상이 있고 내가 나와서 일할 곳이 있는 것에 감사합니다.
분명 저한테도 꼭 좋은 기회가 올 거라고 생각합니다. ─ 아이디: sinae44

● 복직을 1년 남긴, 이제 70일 된 아가를 키우는 엄마에요.
1년 뒤에 나도 이렇게 살겠거니 하며 한때는 감동을, 한동안은 먹먹함과 안타까움을
가지고 글을 읽네요. 부디 건강하셨음 좋겠어요.^^ ─ 아이디: khmjs01

● 작년 이맘때 복직하며 올해만 지나면 한 고비 넘기겠지 했는데, 지금 또 연말을
바라보며 이번만 한 고비 넘기면 되겠지 그런 생각을 합니다.
웃긴 생각이지만, 샴푸 큰 걸 사놓고는 아침마다 출근 때 머리 감으며 드는 생각이,
'이 샴푸 다 쓸 때쯤이면 우리 딸도 많이 크고 또 한 고비 넘겼겠지' 싶거든요. ㅎㅎ
틈틈이님도 새 BB크림 사서 다 쓸 때쯤이면 웅이 결이도 많이 자라 어린이집 즐겁게
등원하고 있겠지요. ^^ ─ 아이디: gjtjswjd33

● 틈틈이님 글을 읽다 보면, 나만 겪는 특별한 일이 아니라, 엄마들이 모두 겪는 일이구나
싶어 오히려 안심이 되네요. 똑같은 엄마들이 같은 마음으로 안쓰럽고,
기특한 아이들을 믿어가며 하루하루를 만들고 있다는 사실만으로도 기운이 나네요.
하루하루 크고 있는 웅이와 결이도, 그런 아이들을 키워내고 있는 틈틈이님도,
그리고 다른 웅이들과 엄마들! 어깨동무 ^^ 파이팅입니다~~ ─ 아이디: parkjee0825

나는 워킹맘입니다

나는 워킹맘입니다

일하는 **엄마**를 위한 **행복한 육아** 이야기

김아연 지음

창비

사랑하는 웅이와 결이, 그리고 남편에게

3. 하루 24시간으로 살아내기

퇴사해,
복직해?

2015년 가을, 두 번째 복직을 앞두고 부츠 한 켤레를 샀습니다. 쇼윈도에 진열된 부츠를 신었는데 마치 내 것인 양 딱 맞더군요. 저는 발 크기와 모양까지 평균인 평범한 30대 중반, 경력 13년 차 직장인, 아들 웅이, 딸 결이 두 아이의 엄마입니다.

첫 아이를 임신했을 때가 생각납니다. 배가 점점 불러오면서 손발이 통통 붓고 숨쉬기가 힘들어도 뱃속의 아이가 꼬물꼬물하는 게 마냥 신기했습니다. 그러면서 한편으로는 불안했습니다.

'아이를 낳고도 계속 일을 할 수 있을까?'

엄마가 되어도 일을 계속하고 싶었지만, 태어날 아이가 마음에 걸렸습니다. 내 손으로 아이를 키우고 싶었지만 일을 그만두고 싶진 않았습니다. 일이냐, 아이냐 두 갈래 길 앞에 선 느낌이었습니다. 짜장면 먹을까, 짬뽕 먹을까 선택하는 것과는 차원이 달랐습니다. 고민하고 의논하고 자료를 뒤져도 정답은 없었습니다. 정답이 없으니 선택은 더 어려웠습니다.

아이를 키우며 고민은 더 현실적으로 다가왔습니다. 육아휴직을 해서 수입은 줄었는데 식구는 늘었습니다. 혼자 걷지도 못하는 조그마한 아이인데 필요한 게 끝이 없습니다. 기저귀값 벌려고 출근한다는 선배들의 말은 사실이었습니다. 매달 대출금도 따박따박 빠져나갑니다. 아껴 쓰면 될 줄 알았는데 역부족입니다. 그렇다고 출근하자니 웅이가 걸립니다. 같은 아파트 엄마들은 저를 '엄마엄마한 엄마'라고 불렀습니다. 아이를 쪽쪽 빨았습니다. 눈만 마주쳐도 웃는 아이를 남의 손에 맡기기 싫었습니다. 그리고 엄마가 되고 나서야 알게된 사실도 있습니다. 아이를 아무리 예뻐해도 키우는 건 별개의 일이었습니다. 건강하고 젊은(?) 저에게도 육아는 만만치 않았습니다. 엄마인 나조차 못 해 먹겠다 싶은 때가 많은데, 그 일을 남에게 맡기자니 영 불안했습니다. 고민이 계속되던 어느 날, 남편 앞에서 엉엉 울어버렸습니다.

"워킹맘과 전업맘, 어떤 길도 선택 못 하겠어. 사표 낸 전업맘도 위대한 것 같고 아이 떼어놓고 출근하는 워킹맘도 위대해 보여. 난 둘

다 못 하겠어. 대체 나는 무슨 용기로 엄마가 됐을까.”

“전업맘도 위대하고 워킹맘도 위대해. 어떤 길을 택해도 당신은 위대한 엄마니까 마음 편히 선택해.”

남편의 말에 마음이 조금은 놓였습니다. 그래, 정답이 없다면 조금이라도 미련이 덜 남는 쪽으로 선택하자. 내 선택이 정답이라고 믿고, 정답으로 만들어가자. 그렇게 마음 먹었습니다.

내가 출근해도 아이는 괜찮을까? 출근한다면 누구에게 맡기지? 내 월급이 없으면 우리 집 가계는 어떻게 되려나? 다시 한번 꼼꼼히 살핍니다. 그러다가 문득 ‘나는?’ 하고 내가 궁금해졌습니다. 내가 내 일을, 내 직장을 그만두는 것인데 아이와 경제적 상황만 고려했습니다. 나는 안중에 없었습니다. 10년 넘게 애정을 쏟고 키워온 내 일인데, 내 마음도 들여다봐야 합니다. 진지하게 생각했습니다. 나는 아이와 함께할 때 행복합니다. 그리고 일을 할 때도 행복합니다. 아이를 키우며 일을 한다면, 좀 더 행복할 것 같습니다. 이때 처음으로 ‘사표를 내야 할까?’가 아닌 ‘사표를 내고 싶지 않다. 방법이 있을까?’에 대한 고민을 시작했습니다.

저만 그런 것 같지는 않습니다. 엄마들이 자주 방문하는 커뮤니티에는 복직을 앞둔 엄마들의 상담글이 자주 올라옵니다. 글과 댓글에는 아이 걱정, 집안 경제 걱정이 가득합니다. 나에 대한 고민은 뒷전입니다. 그래서 누군가에게 조언할 기회가 생기면 적극적으로 묻습니다.

"넌? 사표 내면 넌 괜찮겠어?"

잘할 수 있을까, 걱정도 됐습니다. "우리 사회가 직장 여성에게 던지는 메시지는 '독해지거나 하나를 포기하라'는 것뿐(양향자 전 삼성전자 상무)"이라는데, 독해지는 것도 포기하는 것도 싫었습니다. '성공한' 워킹맘들의 인터뷰를 읽으며 주눅이 들었을 때 지역 커뮤니티에서 평범한 이웃 워킹맘 선배들을 만났습니다.

"괜찮아요. 빨래 좀 덜하면 어때." "회사에서 어떻게 매일 성과를 내. 그만하면 잘하는 거지." 나랑 별반 다르지 않은 평범한 엄마들은 힘들고 우는 날도 많아 보였지만 일도 아이도 포기하지 않고 잘해내고 있었습니다. 참 아름다웠습니다. 용기가 났습니다.

워킹맘에게 둘째는 곧 사표라는데, 둘째를 낳았습니다. 이번엔 딸입니다. 용감한 것인지, 무모한 것인지 또 육아휴직을 썼습니다. 복직일이 다가오자 점점 심란해졌습니다. 마음속으로 쓰고 찢은 사표만 이미 수백 장. 그럴 때마다 둘째의 미래가 떠올랐습니다. "너도 나중에 크면 엄마가 되겠지. 복직을 할까, 사표를 낼까 엄마처럼 고민하겠지." 마음이 많이 흔들리는 날에는 아직 말도 못 하는 녀석이 애

틋했습니다. "너는 왜 딸로 태어나서 마음고생을 할 예정이니. 아들이면 적어도 사표 낼까 복직할까 고민은 안 할 거 아냐." 푸념도 했습니다.

내 자식이지만 인생 후배입니다. 지금 내가 걷고 있는 이 길은 앞으로 내 딸이 걸을 길입니다. 그래서 한 발 한 발 내디딜 때마다 결이가 생각납니다. 힘든 날에는 '결이도 나중에 이렇게 힘들겠구나' 울컥하고, 보람찬 순간에는 '그래, 애엄마라고 일 못 하는 거 아니야. 우리 결이는 나보다 더 똑 부러지게 잘하겠지.' 기대합니다. 음식도 내가 먼저 먹어보고 자식에게 주듯, 워킹맘 생활도 내가 먼저 경험하고 결이에게 이야기해주고 싶습니다. 지금 내가 잘 경험하면 나중에 결이가 "엄마는 어땠어?" 물을 때 "엄마는 이랬지" 잘 설명해줄 수 있을 것 같습니다.

겁도 납니다. 결이가 엄마가 되었을 때 "버텨. 무조건 버티면 돼. 아이들이 클 때까지는 답 없다."밖에 할 말이 없을까 봐서요. 아이가 자라 지금 내 나이가 될 때쯤에도 우리 사회가 워킹맘을 바라보는 시선이 지금과 똑같다면 결이가 "엄마, 걱정 마. 나 할 만해."라고 말하더라도 저는 그 말을 믿지 못할 것입니다.

심리학자인 헴마 카노바스 사우는 저서 『엄마라는 직업』에서 요즘 엄마들을 '샌드위치 세대'라고 일컫습니다. "한편으로는 자녀에게 절대적으로 헌신해야 한다는 사고방식을 물려받은 상속자들이고, 다른 한편으로는 여자에게 적극적인 구실을 부여하는 새로운 시대를 살아가고 있기 때문"입니다. 그는 육아를 제대로 수행할 사회적 조건이 갖춰지지 않은 상태에서 여성이 적극적인 구실을 부여받게 되자 여러 문제가 발생했다고 지적합니다.

요즘 엄마들은 힘들 수밖에 없다는 이야기입니다. 갑갑했던 마음이 좀 풀렸습니다. '아, 지금 내가 샌드위치 세대구나. 그래서 힘들구나. 그렇다면 내가 할 일은 워킹맘으로 살기 힘들다고, 버티기 힘들다고 목소리를 내면서 이 자리를 지키는 거구나.' 싶었습니다. 그래서 다짐했습니다. 나를 위해, 그리고 내 딸에게 좀 더 나은 환경을 주기 위해, 힘들면 힘들다고 못 하겠으면 못 하겠다고 목소리를 내고 사표는 내지 않으려고 노력하겠습니다. 미리 걱정하고 물러서지 않겠습니다. 사표를 내더라도 일단 부딪쳐 보겠습니다. 오늘 사표를 낼 거라면 내일 내도 됩니다. 한 달 후에, 일 년 후에 내도 됩니다.

그리고 누군가 복직을 앞두고 망설이고 있다면 '나를 봐. 이렇게 평범한 나도 하고 있잖아.' 하고 보여주고 싶습니다. 이 책은 당신 옆자리에 앉아 있는 선배 워킹맘의 성장 기록입니다.

1

복직 준비

A to Z

육아 독립군,
낮 시간
엄마를 찾아라

엄마, 웅이 좀 봐주세요.

"그럼 엄마가 키워주든가! 말도 못 하고 혼자 걷지도 못하는 애를 누가 선뜻 키워준다고 하겠어! 어디서 맞아도 고자질도 못 할 텐데, 불안해서 어떻게 아무한테나 맡기냐고!"

첫 번째 복직을 앞두고 웅이를 맡길 베이비시터를 찾을 때, 연락은 자주 오는데 마음에 맞는 분이 없었습니다. 이러다 베이비시터 못 구해서 복직 못 하겠네 싶어 기운이 빠졌습니다. 마침 엄마에게서 전화가 옵니다. 베이비시터한테 연락은 많이 오냐고 물으시네요. 울고 싶은데 뺨을 찰싹 맞은 기분입니다. 엄마에게 화풀이를 하고 말았습니다.

복직을 결심하니 아이를 누구에게 맡길지가 걱정이었습니다. 가장 먼저 떠오른 사람은 친정엄마. 엄마가 돌봐준다고 하면 그나마 마음 놓고 출근할 수 있을 텐데⋯. 이제 막 환갑을 넘은 (아직은) 젊은 나이, 깔끔하고 상냥한 성격, 내가 인정하는 최고의 엄마. 내 아이는 엄마한텐 내 딸의 아이, 손주입니다. 웅이를 세상에서 가장 사랑하는 사람이 저와 남편이라면, 그다음은 조부모님일 겁니다. 자식 예쁜지는 모르고 키워도 손주는 예쁘다더니 우리 엄마도 그랬습니다. "너희들 키울 때는 자식 키우는 재미도 잘 몰랐는데 손주라 그런가, 정말 예뻐. 눈에 아른거려."

웅이를 엄마에게 맡기고 싶지만 말은 꺼내지도 못했습니다. 전업주부로 평생을 살아온 엄마가 자식 셋, 대학에 입학시키고 처음으로 자식 걱정 없이 문화센터에 등록하던 날, 아빠는 그러셨습니다.

"혹시나 해서 말인데, 너희 셋 모두 나중에 손주 키워달라고 하지 마라. 엄마가 키워준다고 해도 아빠가 싫다. 너희 엄마, 너희 셋 최선을 다해 키웠고, 이제 엄마의 삶을 즐겼으면 한다. 손주 키워주면 다시 그 생활로 돌아가. 엄마 방해하지 마라." 외출 한번 자유롭게 못하는 게 답답하지 않냐고 물었을 때 엄만 그랬습니다. "너희들 다 키우면 엄마도 훨훨 날아다닐 거야. 그때 붙잡지 마."

두 분 말씀에 전적으로 동의합니다. 저도 엄마가 자식들 걱정 그만하고, 즐기면서 지냈으면 좋겠습니다. 하지만 막상 내 자식 앞에서 흔들립니다. 웅이에게는 엄마인 나를 대신할 사람이 필요합니다. 최대한 나와 비슷한 사람을 찾고 싶습니다. 나를 키운 친정엄마보다 더 나와 비슷한 사람은 없을 것 같습니다.

육아정책연구소의 보고서에 따르면 조부모는 부모 다음으로 가장 바람직한 양육자 1순위로 꼽힙니다. 만 2세 미만의 어린 자녀를 둔 부모일수록 시설보육보다는 개별양육을, 개별양육에서도 베이비시터나 아이돌보미보다는 혈연관계의 조부모를 더 신뢰합니다. 실제로 맞벌이 가구 중 63.6%가 조부모 및 친인척에게 양육을 맡기고 있습니다. 조부모 중에서도 외할머니가 키우는 경우가 10명 중 6명입니다.

(이기적이지만) 제 입장에서도 최선의 선택은 친정엄마입니다. 직장인인 이상 언제 야근을 할지 모릅니다. 툭하면 회식입니다. 출근 시간은 정해져 있지만 퇴근 시간은 장담할 수 없습니다. 주말 근무도 빈번합니다. 내가 10년을 다닌 회사, 엄마는 10년을 지켜보셨습니다. 딸의 일과가 어떤지 알고 계십니다. 갑자기 야근한다고 해도 이해해주실 겁니다. 걱정 말고 일해라, 하실 겁니다. 엉망진창일 살림도 엄마 앞에선 덜 창피합니다. 선배들도 "무조건 친정엄마한테 붙어. 가능하면 엄마 옆집으로 이사를 가." 하고 충고합니다. '친정엄마가 키워주면 따뜻한 밥 먹으면서 회사 다니지만, 아니면 쉰밥 먹기도 힘들다.'

고들 합니다. 얼마 전 수저론이 유행할 땐 워킹맘 사이에서 '친정엄마가 봐주시면 금수저, 시어머니가 봐주시면 은수저, 어린이집에 맡기면 흙수저'라는 얘기마저 있었습니다. 그만큼 워킹맘 삶의 질은 친정엄마가 아이를 봐주느냐 아니냐에 따라 달라진다는 뜻이겠지요.

'웅이 엄마' 입장에서는 울면서라도 엄마한테 매달리고 싶지만, '엄마 딸' 입장에서는 매달리지 못하겠습니다. 엄마가 힘든 건 싫습니다. 손주 키우느라 병나는 것도 싫습니다. 아이를 친정엄마가 키워주는 선배는 그랬습니다. "고맙지. 그런데 엄마가 늙는 게 보여. 엄마 볼 때마다 면목 없고 속상해. 이만한 불효도 없는 것 같다."

누가 누가 좋을까요, 찾아봅시다

웅이를 친정엄마께 맡기고 싶은 건 내 욕심일 뿐입니다. 복직을 결심한 이상 엄마인 내가 할 일은 최소 하루 10시간을 아이와 함께 할 '최적의 대리양육자'를 찾는 것입니다. 웅이를 맡길 후보를 놓고 다시 한번 살펴봅니다.

친정엄마, 시어머니, 베이비시터, 어린이집.

우선 친정엄마. 직접적으로 묻진 않았지만 압니다. 친정엄마에게 웅이를 봐달라고 하면 난처해하실 겁니다. "너 생각하면 엄마가 웅이를 키워주고 싶은데, 엄마도 나이가 있어서 하루가 달라. 너희 셋 어떻게 키웠나, 내가 애를 키운 적은 있나 기억도 잘 안 나는데 손주를 어떻게 보나 싶고…." 이미 여러 번 이야기하셨습니다. 게다가 엄마는 제가 고3 때 디스크 수술을 하셨습니다. 아이는 손 타게 키워야 한다고 생각하고 가급적 많이 안아줬습니다. 적어도 아이가 팔 벌릴 때 안아줄 수 있어야 합니다. 웅이는 혼자 걷다가도 몇 걸음 가지 않아 안아달라며 팔을 벌립니다. 건강한 저도 밤마다 허리에 찜질을 하는 날이 많았는데 허리가 좋지 않은 엄마에겐 무리일 것 같습니다.

시어머니도 체력적으로 힘드실 것 같습니다. 정정하시지만 칠순이 넘으셨습니다. 우리 집에서 시댁까지는 지하철로 한 시간 거리. 우리 가족이 시댁 근처로 이사를 가지 않는 한 칠순 노인이 지하철 한 시간 거리를 매일 출근하는 건 쉽지 않습니다. 이사도 생각해봤습니다. 하지만 시댁에 가까워지는 만큼 회사에선 멀어집니다. 지금은 남편도 저도 출근에 하루 30~40분을 씁니다. 이사를 가면 출근 시간만 두 배로 늘어납니다. 아이가 일어나기 전에 출근하고 아이가 잠든 후에 퇴근하는 날이 많아질 겁니다. 아이와 함께 있는 시간을 확보하려면 지금 이 집에서 사는 게 낫습니다.

시어머니께 아이를 맡기고 있는 선배 워킹맘은 "양육 방식이 달라 곤란하다"고 했습니다. 주양육자인 나와 대리양육자의 양육관이 비숫해야 아이가 덜 혼란스럽습니다. 같은 일에 대해 엄마와 대리양육자의 반응이 다르면 아이는 '어? 엄마는 된다고 했는데' '엄마는 이렇게 해줬는데' 혼란스러울 수 있습니다. 양육관이 다를 땐 부모인 나의 양육관을 따라주셔야 하는데, 시어머니껜 "이렇게 해주세요" 말씀드리기가 편치 않습니다. 오히려 제가 시어머니 방식에 맞추게 될 것 같습니다. 게다가 어머님은 작은 가게를 꾸리고 계시는 현직 워킹맘이십니다. 아이를 봐주시려면 어머님이 일을 그만두셔야 합니다.

베이비시터에게 맡길 경우 우리의 양육관을 따라달라고 말하기는 좀 더 쉬울 것 같습니다. 반면 경제적으로는 큰 부담입니다. 내가 복직하더라도 내 월급만큼 실수입이 늘어나는 건 아닙니다. 남편의 월급과 내 월급에서 '맞벌이 비용'을 뺀 나머지가 실수입입니다. 맞벌이 비용 중 가장 큰 비중은 베이비시터 월급이 될 것입니다. 만만찮은 부담입니다.

후보군 중 어린이집은 가장 마지막이었습니다. 복직을 하더라도 아이가 의사소통을 원활하게 하고 밥은 혼자 먹을 수 있을 때까지는 가정보육을 하고 싶었습니다. 안정적인 애착을 형성하려면 양육자와 아이가 1 대 1 양육을 하는 것이 좋다고 합니다. 어린이집은 단체생활인 만큼 바이러스에 노출될 가능성이 높고, 아이들이 자주 아프다고도 합니다. 웅이가 아프면 마음이 약해질 것 같습니다. 웅이를 낳기 전 퇴근길에 집 근처 어린이집 앞을 지나곤 했습니다. 오후 7시가 조금 지났는데 어린이집은 깜깜하고 교실 한 군데만 불이 밝혀져 있었습니다. 출근할 때도 교무실만 환했습니다. 아이 목소리가 들리지 않는 걸 보면 등원한 아이가 거의 없는 것 같았습니다. 어린이집에 문의했더니 맞벌이 부모가 절반이랍니다. 그럼에도 불구하고 대부분의 아이들이 오후 4시면 하원을 한다고 하네요. 종일반에 남는 아이들은 열 손가락 안에 꼽혔습니다. 주변을 보니 아이를 어린이집에 보내도 오후 4시부터는 '하원 도우미'를 쓰고 있었습니다. 어차피 베이비시터 이모님을 써야 한다면 가정보육을 좀 더 하는 게 나을 것 같았습니다.

땅땅땅! 그렇게 웅이를 베이비시터에게 맡기기로 결정했습니다. '친정엄마한테 울고불고 매달려 볼걸' 후회한 적도 있습니다. 웅이가 아픈데 출근해야 할 때, 남이 아닌 외할머니 품에서 아프면 조금 낫지 않을까 싶었습니다. 남편은 회식, 저도 갑자기 야근을 해야 했을 때 친정엄마 근처에서 살며 엄마가 키워주셨다면 큰 걱정 없었을 텐데 싶었습니다. 하지만 웅이가 아픈 날 잠깐이라도 안아주려고 점심시간에 택시를 타고 집에 가면서는 이사 가지 않길 잘했다 생각하기도 했습니다. 우리 가족에게 '최상'의 선택은 아닐지라도 '최선'의 선택이었습니다.

이런
베이비시터,
어디 없나요?

베이비시터 구인 프로젝트

'15개월 남아 돌봐주실 이모님을 찾습니다.'

A4 용지에 출력한 구인 공고 10장을 들고 아파트 관리실을 찾았습니다. 게시 허가 도장을 받고 아파트 로비 게시판마다 공고문을 붙이며 '제발 우리 가족과 오래오래 함께할 수 있는 따뜻한 분을 만나게 해주세요' 하고 기도했습니다.

가까이에 사시는 분을 찾고 싶었습니다. 시터 이모님이 집에 도착하셔야 제가 출근하니 이모님은 우리 집에 오전 8시 반까지는 도착하셔야 합니다. 보통의 직장인보다 출근 시간이 빠르죠. 집이 멀면 더 일찍 일어나셔야 할 겁니다. 이모님도 한 집안의 엄마이자 아내로, 아침마다 챙겨야 할 일이 있으실 테고요. 그렇다면 아침부터 피곤하실 겁니다. 집이 멀면 더 피곤하시겠죠. 같은 아파트 단지에 살고 계시면 이 동네에 대해 이미 알고 계시니 놀이터가 어디에 있는지, 시장은 어디에 있는지 설명할 필요가 없습니다. 갑자기 야근이나 회식이 잡히면 이모님 댁으로 웅이를 데리고 가달라고 부탁할 수도 있을 겁니다. 그래서 우선 아파트 단지에 공고문을 붙였습니다. 2000세대가 넘는 대단지에 살고 있으니 연락이 많이 올 거라고 기대했는데 일주일간 5통의 전화가 전부였습니다. 그마저도 죄다 "우리 언니가 해보고 싶다는데" "내 친구가 해보고 싶다는데" 지인을 추천하는 전화였습니다. 면접까지 이어지지 않았습니다.

지역 커뮤니티도 유심히 봤습니다. 아이가 자라서 어린이집이나 유치원, 초등학교에 입학하며 베이비시터의 도움이 필요 없어진 경우 커뮤니티에 추천글이 올라오곤 합니다. 매일 밤 커뮤니티에 접속해 추천글을 훑어보고 적합한 분이 보이면 연락처를 물었습니다.

하지만 믿음이 가는 베이비시터를 만나는 건 쉽지 않았습니다. 놀이터에 나가면 친할머니 혹은 외할머니로 착각할 만큼 아이들에게 잘해주시는 분들이 많아서 어렵지 않을 거라고 생각했는데 착각이었나 봅니다. 좀 더 적극적으로 찾아봅니다.

이모넷 시터넷 등 시터 연결 사이트에 글을 올렸습니다. 글을 올리고 얼마 지나지 않았는데 전화가 옵니다. 그런데 너무 많이 오네요. 웅이와 있을 때는 휴대전화를 보지 않으려고 하는데 계속 전화벨이 울립니다. 전화를 받으면 아이 이유식을 만들어서 먹여야 하는지, 지하철역에서 집까지는 얼마나 걸리는지, 공휴일은 쉬는지 구체적으로 물어보십니다. 통화가 길어집니다. 전화가 올 때마다 같은 말을 반복하게 됩니다. 사이트에 들어가 '구인 조건'을 구체적으로 수정했습니다. '아이 빨래는 아이 전용 세탁기로 격일에 한 번, 아침밥은 엄마가 먹이고 출근하니 뒷정리, 아이가 주로 활동하는 공간은 물걸레질….' 전화가 오면 구인 조건대로 해주실 수 있는지부터 여쭸습니다. 전화 면접이 스물세 번, 그중 좀 더 자세히 이야기를 나눠보고 싶은 분은 직접 만나 면접을 했습니다.

첫 번째 복직 준비는 그렇게 여유로웠습니다. 반면 두 번째 육아휴직이 끝나고 복직을 할 땐 여유가 없었습니다. 사표를 결심했다가 육아휴직이 끝나기 2주 전 급하게 마음을 바꿨기 때문입니다. 충분한 시간을 두고 베이비시터를 찾을 수 없었습니다. 주변을 수소문하기 시작했습니다. 아파트 같은 라인, 웅이와 같은 나이의 사내아이를 돌봐주시는 이모님이 생각났습니다. 놀이터에서 만날 때마다, 아이를 알뜰살뜰 챙기시고 아이의 말에 귀 기울여주시는 모습이 인상적이었던 분이었습니다. 처음에는 친손자인 줄 알았을 정도로요. 무작

정 그 집을 찾아갔습니다. 전후 사정을 설명한 뒤 그래서 지금 당장 웅이 걸이를 돌봐줄 분이 필요하다, 이모님이 추천해주신다면 믿고 맡길 수 있을 것 같다며 추천을 부탁했습니다. 이모님은 고맙게도 다음 날 연락처를 주시며 "아이를 본 경험은 없는데 그 집 아이들이 참 반듯하고 예쁘게 컸어. 그거 믿고 맡겨봐요."라고 하셨습니다. 바로 그날 면접을 봤습니다.

베이비시터 면접하기

베이비시터 면접에서는 말보다 행동을 유심히 봤습니다. 일단 면접은 출퇴근 시간에 했습니다. 출퇴근 시간에 차가 막힌다는 건 누구나 알고 있습니다. 면접에 늦지 않으려면 일찍 출발해야 하죠. 차가 막혔다는 이유로 지각한 분들이 있었습니다. 출근할 때 베이비시터의 지각은 저의 지각으로 이어집니다. 첫 면접에 지각한 분들은 최종 후보에서 제외했습니다.

인터넷 쇼핑을 할 때 배달 요청사항에 '아기가 있으니 초인종 누르지 말아주세요'라고 적습니다. 엄마들은 아기를 재우기 전에 인터폰을 내려둡니다. 아기가 초인종 소리에 곧잘 깨기 때문이지요. 세심한 베이비시터라면 초인종을 누르지 않고 문을 두드립니다.

"화장실이 어디죠?" 도착하자마자 손을 씻는지 봤습니다. 외출한 뒤 손 씻기는 습관입니다. 아이를 돌볼 땐 위생관념이 중요합니다.

본격적으로 이야기를 나누기 전에 간식을 준비하겠다며 아이와 베이비시터만 남겨뒀습니다. 돌 전후 아이들은 낯가림을 합니다. 그럴 때 아이를 억지로 안으려고 하는지 살폈습니다. 낯가림이 심한 아이는 억지로 안으려고 하면 역효과가 납니다. 노련한 베이비시터는 장난감을 이용해 아이의 환심부터 삽니다. 간식은 포도나 수박같이 아이에게 줄 때 어른의 도움이 필요한 것으로 준비했습니다. 아이에게 줄 때 껍질은 벗겨주는지 씨는 빼고 주는지 살폈습니다. 뜨거운 커피를 내갔을 때 무심코 바닥에 두는지도 봤습니다.

질문은 구체적으로 합니다. "아이 이유식은 직접 하셨나요?"보다는 "아이에게 어떤 반찬을 어떤 방식으로 해주셨어요?" "간은 어떻게 맞추셨나요?" "아이가 응가했을 때 뒤처리는 물티슈로 하시나요, 물로 씻기시나요?" "아이 낮잠은 어떻게 재우셨나요?" 구체적인 질문에 거짓으로 답하는 건 어렵습니다.

아무리 좋은 분인 것 같아도 경험이 없는 분보다는 경력자가 낫습니다. "내 자식 내가 키웠으니 그게 경력이지"라고 하시는 분들이 많은데 '내 자식 내가 키울 때'는 젊으셨습니다. 또 내 자식이 아니라 남의 자식입니다. 의욕 넘쳤던 초보 베이비시터들이 일주일 만에 연락두절하는 경우 많이 봤습니다.

경력자라면 전에 돌봤던 아이의 엄마 연락처를 받았습니다. 이모님에게 물었던 질문과 같은 질문을 하고 답이 같은지 다른지 봤습니다. 마찬가지로 질문은 구체적일수록 좋습니다. "음식 솜씨는 어떠셨어요?"보다는 "어떤 음식을 잘하셨어요? 짜거나 달진 않나요?"가 낫습니다. 지각은 한 적 없는지, 무단결근은 없었는지, 그만둔 이유는 무엇인지 물었습니다.

신분증과 건강검진 결과지도 확인합니다. 이 사람이다 싶으면 2~3일 정도 같이 생활해보자고 했습니다. 면접과 실전은 다를 수 있으니까요.

베이비시터를 찾을 때 가장 어려웠던 건, 조급한 마음을 다스리는 것이었습니다. 좋은 베이비시터는 많다는데, 나에게는 안 보입니다. 첫 번째 면접에서 내 마음에 꼭 맞는 베이비시터를 만나면 좋겠지만 그럴 가능성은 높지 않습니다. '면접을 5번 했으니 이 중에서 골라야지'라는 생각보다는 마음에 맞는 분을 만날 때까지 면접을 계속 보셨으면 합니다. '이 사람이다' 싶을 때까지 계속 찾는다면, 결국 만나게 될 겁니다.

베이비시터와 생활하기

"친정 올 때 패물 챙겨와." 복직하기 전 주말, 친정에 갈 준비를 하고 있는데 문자가 옵니다. "이제 너 출근하면 집에 주인이 없잖아. 혹시 모르니까 패물은 엄마가 가지고 있을게."

아무래도 엄마는 집 안에 낯선 사람인 시터 이모님을 들이는 게 걱정인가 봅니다. "아이고, 못 믿는 사람한테 어떻게 집하고 애를 맡겨. 괜찮아. 걱정 마." 답장을 보냅니다. 하지만 사실 저도 마음 한 편으로 같은 걱정이었습니다.

막상 '남'에게 아이를 맡긴다고 하니 어떤 생활일지 그려지지가 않습니다. 지역 커뮤니티에 비슷한 고민이 올라왔습니다. "시터 이모님께 현관문 열쇠도 드려야 할까요?" 아, 그러네요. 이모님은 아이와 놀이터에도 가실 것이고 산책도 다니실 겁니다. 그러려면 현관문 비밀번호를 알려드려야겠네요. 길게 외출도 하시겠죠? 열쇠도 드려야겠습니다. 집을 통째로 맡기는 것 같아 기분이 묘합니다.

CCTV도 설치했습니다. 할 수 있는 말이라곤 "엄마" "아빠" "빠방" "안녀"뿐인, 밥도 혼자 먹지 못하는 아이를 맡기는 겁니다. '내 새끼처럼 잘 돌봐주실 거야'라고 믿지만, 내 배 아파 낳은 자식인데도 '정신줄' 놔버리고 도망가고 싶은 순간이 있다는 걸 압니다. 아이를 보호하기 위한 최소한의 안전장치가 있으면 좋겠습니다. CCTV

가 있으면 내가 원할 때, 내가 보고 싶은 곳을 실시간으로 볼 수 있습니다. 어떤 대화가 오가고 있는지도 들을 수 있습니다. 혹시 모를 사건이 생겼을 때 말 못 하는 내 아이 대신 증언해주는 '목격자'가 될 수 있습니다. 베이비시터 이모님께는 면접할 때 동의를 구했습니다. CCTV는 아이를 살피기 위함입니다. 이모님께 불편을 드리기 위함이 아닙니다. 아이가 주로 활동하는 거실과 침실에 설치하고, 사각지대를 마련했습니다. 서재는 CCTV로 보이지 않으니 옷을 갈아입으시거나 편히 쉬고 싶으실 땐 서재를 이용하시라고 말씀드렸습니다.

현금과 카드도 준비했습니다. 아이와 다니다 보면 일이천 원씩 자주 쓰게 됩니다. 오천 원이 넘어가는 지출은 카드를 쓰면 될 것 같습니다. 버스 탈 일이 있을지도 모르니 교통카드 기능도 넣은 카드여야겠네요. 기저귀와 물티슈, 현금과 카드를 넣은 작은 가방을 마련해 현관문 옆에 걸어둡니다. 지출 내역을 적어달라고 합니다.

호칭도 애매합니다. 할머니라고 부르기엔 50대 초반이십니다. 지금도 할머니 집에 가자고 하면 "어떤 할머니?" 묻는데 할머니를 한 명 더 만들긴 싫습니다. 이모? 이모도 있습니다. 이모라고 부르면 30대 중반인 '진짜 이모'가 화낼 겁니다. 고모도 있습니다. 그렇다고 '아줌마', '아주머니'는 거리감이 느껴져 싫습니다. 여성가족부가 운영하는 아이돌보미 이용수칙에는 아이돌보미 호칭을 '선생님'으로 권장합니다. 고마움과 존중의 표현입니다. 서울시여성가족재단의 보고

서에 따르면 실제로 아이돌보미 서비스 이용자의 90% 이상이 '선생님' 호칭을 사용하고 있습니다. 반면 영리단체에 소속된 베이비시터 70% 정도는 이모님으로 불립니다. 돌이 지난 지 얼마 되지 않는 아이에게 '선생님'이라는 표현은 딱딱할 것 같습니다. '이모님'이라고 부르기로 했습니다.

휴일도 정해야 합니다. 우리 부부의 경우 남편은 법정공휴일은 쉽니다. 저는 직업 특성상 법정 공휴일에도 근무하곤 합니다. 제가 근무하는 공휴일은 이모님도 출근해달라고 했습니다. 그리고 제가 휴일 근무를 하고 평일에 대체 휴일이 생기면, 이모님도 쉽니다. 엄마 아빠가 출근하기 위해 베이비시터를 구하는 것입니다. 그러니 처음부터 부부의 상황에 맞는 조건을 제시하고, 그에 맞는 베이비시터를 찾아야 합니다. 주5일 근무일 수도 있고 주6일 근무일 수도 있습니다. 월화수목금 근무할 수도 있지만 수목금토일 근무할 수도 있을 겁니다. 휴일에 모두 쉬는 경우도 있지만 설날과 추석에만 쉴 수도 있습니다. 상황에 맞춰줄 수 있는 분을 찾아야 합니다.

직장인인 저에겐 매년 15일의 연차 유급휴가가 주어집니다. 이모님도 법정공휴일 외에 휴가가 필요할 겁니다. 남편 회사도 우리 회사도 보통 여름, 겨울에 5일씩 휴가를 씁니다. 우리 부부의 휴가 때는 이모님께도 휴가를 드립니다. 이모님 사정이 있으셔서 휴가가 필요하시다면 미리 일정을 알려달라고 했습니다. 가능하면 저나 남편이

휴가를 내서 맞추겠다고 했습니다. 다만, 휴가가 많지 않고 아이들 아픈 날이나 어린이집 방학에 맞춰 휴가를 써야 하니 가급적 우리 가족의 스케줄에 맞춰달라고 부탁드렸습니다.

자주는 못하더라도 장을 볼 때는 이모님이 즐겨 드시는 차와 간식도 장바구니에 넣었습니다. 아침부터 저녁까지 아이와 있다 보면 내 밥 한 끼 챙겨 먹기 어려운 것, 알고 있습니다. 주전부리가 생각날 때 나갈 수도 없지요. 빵이나 떡을 식탁 위에 올려뒀습니다.

얼마 전 웅이 결이는 독감 예방접종을 했습니다. 독감 예방접종 지침에 따르면 아이와 함께 생활하는 '건강한' 성인들도 예방접종을 해야 합니다. 영유아에게 바이러스가 전파되는 것을 차단하기 위해서입니다. 부모인 저와 남편, 그리고 베이비시터 이모님도 해당됩니다. 이모님께도 매해 10월이면 독감 예방접종을 하시라고 말씀드립니다.

엄마인 나도 100점이 아닙니다. 이모님도 100점일 수 없습니다. 엄마인 내가 돌볼 때도 웅이 결이는 다쳤습니다. 하루 종일 지켜보다가 잠깐, 아주 잠깐 다른 일을 하면 아이들은 꼭 그때 사고를 칩니다. 크게 다친 게 아니라면, 놀다가 다친 거라면, 이모님의 부주의로 아이들이 다친 게 아니라면 싫은 소리 하지 않습니다. "괜찮아요. 약 잘 발라주세요." 웃어 넘깁니다.

새로운 가족입니다. 내가 진심으로 대하면 이모님도 아이들에게 진심으로 대할 것이라고 믿습니다. "우리 예쁜이들 오늘 뭐 하고 놀았어요? 하루만 안 봐도 아른거리네요." 주말 저녁, 이모님이 문자를 보내셨습니다. 제 믿음이 틀린 것 같진 않습니다.

이모님, 이모 아닌
엄마가 되어주세요

"싫어! 놀이터 갈 거야! 안 추워!" "밖에 봐. 깜깜하지? 밤에는 밖에 나가는 거 아니에요. 이제 저녁 먹고 집에서 놀다가 자야 해."

퇴근하고 집에 도착했는데 문밖으로 남편과 웅이의 대화가 들립니다. 대치 상황입니다. 좀 더 지켜볼까 하다가 문을 열고 들어갑니다.

"웅아, 결아, 엄마 왔어!"

웅이가 울며 뛰어옵니다. "엄마, 놀이터 가고 싶은데 아빠가 안 된대." "이제 밤이잖아. 밖은 깜깜하고 추워요. 놀이터는 내일 가자." 웅이를 안고 이야기하는데 눈꺼풀이 무거워 보입니다.

"웅이 오늘 낮잠 안 잤어?" "웅! 나 오늘 많이 놀고 싶어서 안 잤어."

웅이는 진짜로 놀이터에 가고 싶은 게 아니라, 졸려서 그냥 트집을 잡는 것 같습니다. 이모님과 주고받는 메모장을 펼쳐 보니 웅이가 자고 싶지 않다고 해서 재우지 않았다고 적혀 있네요.

"그리고 있잖아, 나 오늘 만화도 5개나 봤어." 만화는 보통 1편당 10분, 5개를 봤으면 50분. 웅이 말이 맞다면, 웅이는 오늘 동영상을 50분 봤습니다. '동영상은 하루 30분'이라는 우리 집 규칙을 어겼습니다.

"웅아, 동영상은 하루에 3개만 보기로 엄마 아빠랑 약속했잖아."

"응. 괜찮아. 이모님은 내가 보여달라고 하면 다 보여주거든."

웅이가 요즘 '이모님 짱!'을 외치기에 내심 기뻤는데, 이유는 따로 있었습니다. 엄마 아빠는 동영상도 하루에 30분만 보여주고, 졸리지 않다고 해도 낮잠시간이 되면 재우고, 초콜릿도 하루 한 조각만 주는데 이모님은 웅이가 해달라는 건 다 해주시는 모양입니다.

"엄마, 초콜릿 주세요." "안 돼. 오전에 먹었잖아. 먹고 싶으면 내일 줄게." "치~ 오늘 이모님 안 오셔?" '이모님 안 오셔?'의 뜻을 이제 알겠습니다. 그것도 모르고 이모님께 "웅이가 이모님을 많이 좋아해요. 주말이면 이모님 많이 찾아요." 했습니다.

이모님께 조심스레 물어봅니다. "이모님, 혹시 웅이가 동영상 30분 보여줬는데 더 보여달라고 하나요?" "어휴, 눈물 뚝뚝 떨구면서 하나만 더 보여달라고 해요. 안 보여줄 수가 없어요."

예상대로 마음씨 좋은 이모님이 웅이의 뜻을 다 받아주고 있었습니다. '웅이가 우는 게 마음 아파서' '웅이 즐겁게 해주고 싶어서'가 이유입니다. 이모님은 "저는 웅이 못 이겨요"라며 웃으십니다.

조카를 대하는 제 마음과 비슷합니다. 언니는 아들의 이가 썩을까 봐 사탕을 주지 않지만, 저는 조카가 좋아하는 사탕을 언니 몰래 입에 넣어준 적이 있습니다. 언니는 아들에게 동영상을 되도록 적게 보여주지만, 저는 조카가 좋아하는 만화 동영상을 USB에 담아 선물했습니다. 조카가 장난감을 사달라면 언니 몰래 사줬습니다. 언니는 그럴 때마다 "나라고 자식 좋아하는 거 안 해주고 싶겠니. 엄마니까 말리지. 네가 이모여서 다 해주는 거야. 엄마면 그렇게 못 해."라고 했습니다. 언니 말이 맞네요.

이모님은 두 아이의 '낮시간 주양육자'입니다. 그러니 이모님은 웅이 결이에게 이모가 아닌 엄마가 되어주셔야 합니다. 아이의 기쁨이 우선인 이모가 아닌, 아이를 올바르게 이끌고자 하는 엄마의 마음으로 아이들을 돌봐주셔야 합니다.

먼저 냉장고에 우리 집 규칙을 붙입니다. 그리고 이모님께 메모를 남깁니다. "이모님, 웅이 결이가 아무리 울고 떼써도 규칙은 규칙입니다. 아이들이 지킬 수 있게 도와주세요. 잘못했을 땐 혼내셔도 좋습니다. 웅이 결이의 낮시간 엄마는 이모님입니다. 단호하게 해주세요." 다 쓰긴 했는데, 전달하기는 쉽지 않습니다.

내 아이를 맡기는 입장이기에 '싫은 소리' 해야 할 때가 많습니다. 넘어가도 될 일은 넘어가지만, 훈육이나 아이의 안 좋은 습관에 관련된 것이라면 이야기해야 합니다. 저와 시터 이모님이 일관된 양육방

침으로 아이를 대해야 아이의 혼란을 막을 수 있습니다. 그런데 내 아이를 맡기는 입장이라서 '싫은 소리'를 하기 힘듭니다. 고용주인 나는 '갑'인데 아이 앞에서는 '을'이 되니까요. 싫은 소리를 하되, 잘해야 합니다.

이모님과 마주치는 시간은 하루에 길어봐야 20분입니다. 아침에 출근할 때 바통을 넘겨주며 잠깐 보는 게 전부입니다. 주로 남편이 저보다 일찍 퇴근하다 보니 저녁엔 이모님 볼 틈이 없습니다. 이야기를 나누려면 아침에 해야 하는데 이 시간은 출근 준비로 정신없습니다. 그리고 이모님도 아침부터 싫은 소리 들으면 기분이 상할 수 있습니다. 제가 출근하면 시터 이모님과 아이만 남겨집니다. 직장인이라면 잠깐 창밖을 바라보며 커피라도 한잔하고 기분을 전환할 수 있지만 이모님은 그럴 틈도 없습니다. 이모님 감정은 아이에게 전달될 겁니다. 그러니 아침 시간은 피합니다.

퇴근하며 이모님께 전화를 드립니다. "어디 계세요? 저 지하철에서 내렸는데 잠깐 얼굴 보고 가세요." 밖에서 만나 이야기를 나눕니다. 밖에서 이야기하니 좋은 점도 있습니다. 아이들이 옆에 없으니 저도 편하게 이야기할 수 있고 아이들 앞에서 이모님 민망할 일도 없습니다.

급하거나 민감하지 않은 일이라면 쪽지도 괜찮지만 가급적이면 직접 얼굴을 보고 이야기하는 게 낫습니다. 아무래도 쪽지는 오해의

소지가 있으니까요. "이모님, 이렇게 하지 마시고요"라고 지적하기 보다는 "이모님, 이렇게 해주세요" 대안을 제안하는 게 좋습니다.

어떻게 보면 간단합니다. 상사에게 질책을 받을 때, 내가 납득할 수 있는 합리적인 이유라면 기분 상하지 않습니다. 아, 내가 잘못했구나 깨닫고 감사하지요. 감정을 앞세워 인신공격하면 명백한 내 잘못이라도 기분이 상합니다. 분명히 이모님 잘못이더라도 내 감정은 빼고 업무에 대해서만 객관적으로 이야기하는 게 좋습니다. 나는 고용주인 동시에 아이의 엄마이고 이모님은 고용인인 동시에 우리 가족의 새로운 식구입니다.

어린이집,
내 아이의
첫 사회생활

집 근처 어린이집을 선택한 이유

어린이집에 보내볼까? 웅이가 두 돌이 지나며 본격적으로 고민하기 시작했습니다. 이제 웅이는 말도 잘 하고, 밥도 혼자 먹고, 기저귀도 거의 뗐습니다. 그리고 무엇보다 놀이터에 가면 친구에게 다가갑니다. 슬슬 어린이집에 보내도 될 것 같습니다.

"어린이집 어디 보낼 거예요?"

웅이 또래 엄마들에게 물었습니다. 아이 출생신고를 하자마자 서울에서 가장 유명한 어린이집에 입소 대기를 신청해 두었다는 엄마, 직장 어린이집 추첨일을 기다리고 있다는 엄마, 아이와 가장 친한 친구가 다니는 어린이집에 같이 보내고 싶어서 연락을 기다리고 있다는 엄마. 모두 내 새끼를 믿고 맡길 좋은 어린이집을 찾느라 분주했습니다.

우리 부부도 몇 가지 기준을 정했습니다.

일단 걸어서 등하원할 수 있는 곳이면 좋겠습니다. 일찌감치 엄마가 된 친구가 있습니다. 아이를 낳자마자 좋다고 소문난 어린이집에 이름을 올려두었고, 4살이 되던 해 입소했습니다. 초등학교 입학 전까지 4년간 쭉 그 어린이집에 보냈습니다. 그런데 친구는 다시 어린이집을 보낸다면 다른 곳에 보내겠다고 합니다. "왕복 1시간 셔틀버스를 태워서 어린이집을 보냈었지. 어린이집은 평판대로 완벽했어. 그런데 아이가 셔틀버스에서 내리는 그 순간부터 심심해지더라."

어린이집과 유치원에서 돌아온 아이들은 놀이터로 달려갑니다. 가장 즐거운 놀이터는 친구가 많은 놀이터입니다. 놀이터에서는 처음 만나도 친구가 된다지만 그건 서로에게 '내 친구'가 없을 때 이야기입니다. 같은 원복을 입은 아이들끼리, 얼굴이 익숙한 아이들끼리 더 잘 어울립니다. "놀이터에 가도 친구가 없으니 지루해했어. 잘 어울리지 못하더라고."

그래서 웅이를 보낼 어린이집은 걸어서 등하원할 수 있고, 셔틀버스를 타는 아이들이 적은 곳, 동네 친구들이 많은 곳으로 알아봤습니다. 어린이집에 처음 갔는데 동네 놀이터에서 자주 어울리던 친구가 있으면 적응도 빠를 겁니다.

주위 엄마들의 평판도 열심히 들었습니다. 염두에 두고 있는 어린이집 가방을 맨 아이가 보이면 슬쩍 다가가 묻기도 했습니다. “어린이집 재밌어?” “오늘은 뭐 했어?” 아이 엄마에게도 물었습니다. 웅이는 편식이 심합니다. 억지로 먹이려고 하면 아예 수저를 놓아버립니다. 배고프면 먹겠지, 자라면서 나아지겠지 생각합니다. 어린이집에서도 같은 방식이었으면 합니다. 한 어린이집은 식사를 끝낸 아이만 놀이터에 가서 놀 수 있다고 해서 후보에서 뺐습니다.

지역 커뮤니티에 글도 올리고 과거 글도 검색해봤습니다. 어린이집이나 유치원 입학 시즌에는 “○○어린이집 어때요? 보내고 계신 분 조언 부탁드립니다.”라는 글이 종종 올라옵니다. 최근 글 위주로 살펴봤습니다. 어린이집보다는 담임선생님이 중요한데 매해 같은 선생님이 계신 건 아니니까요.

선생님 연령대도 봤습니다. 아이들은 외화「천사들의 합창」속 히메나 선생님같이 예쁘고 젊은 선생님을 잘 따른다지만 엄마인 제 입장에서는 아이를 키워본 선생님이 좀 더 마음 놓입니다. 교과서에 적힌 대로 가르치기보다는 “아이들은 다 그렇죠. 크면 나아질 거예요.” 여유 있게 지켜봐주는 분이면 좋겠습니다.

아직은 어렵습니다. 특별활동도 영어 중국어보다는 미술 체육 블럭

활동을 많이 했으면 좋겠습니다. 어린이집에 놀이터가 있어 자주 뛰어놀 수 있으면 좋겠습니다.

따져보니 후보가 두 곳 남더군요. 웅이 28개월쯤 두 군데 모두 입소대기를 신청했습니다. 웅이는 맞벌이 자녀라 우선순위 배점방식에서 1순위였는데도 대기번호가 50번을 넘었습니다. 학기 중엔 빈자리가 잘 생기지 않습니다. 해가 바뀌고 아이들이 한 살 더 자라면 반 정원이 늘어나서 추가 입소가 가능해집니다. 그때 주로 빈자리가 생깁니다.

두 군데 모두 이듬해 1월 초 연락이 왔습니다. 웅이와 같이 방문해서 살폈습니다. 어린이집을 둘러본 웅이에게 "웅이도 친구들처럼 어린이집에 와서 놀고 밥도 먹고 그럴까?" 물었습니다. 처음 가본 어린이집은 싫다고 하더니 두 번째 어린이집은 입구부터 좋아했습니다. 입구에 물고기 수조가 있었거든요. 수족관을 좋아하는 웅이의 마음을 사로잡았습니다. 제 마음도 같았습니다. 두 번째 어린이집이 규모가 더 큰데 웅이는 신체활동을 좋아해 같은 조건이면 넓은 곳이 좋을 것 같았습니다.

그때부터 지금까지 같은 어린이집을 보내고 있습니다. 전반적으로 만족합니다. 그리고 복직하고는 어린이집이 집 근처에 있어서 더 만족합니다. 여름에는 해가 길어 퇴근하고 놀이터에 가거든요. 오후 7시도 낮처럼 밝으니 놀이터는 아이들로 붐빕니다. 오늘은 은우를

엄마는

너희와 같이 있을 때도 기쁘지만

회사에서 일을 할 때도 행복해.

우리 오늘 하루 즐겁게 지내고

저녁 때 다시 만나자.

만났고 어제는 진성이를 만났습니다. 은재를 만난 적도 있고 현우를 만나기도 했습니다. 모두 어린이집 친구들입니다.

"엄마, 오늘은 현우가 살구를 가지고 왔어. 땅에 떨어져 있어서 주워왔대." 요즘 들어 부쩍 현우 이야기를 많이 했는데, 저는 현우를 잘 모릅니다. 어린이집 커뮤니티에 올라온 사진을 보여주며 "얘가 현우야?" 물어 겨우 얼굴만 압니다. 퇴근하고 들른 놀이터에서 웅이가 "현우야!" 하며 뛰어갑니다. 반갑습니다. "제가 웅이 엄마예요." 현우 엄마에게 인사를 하고 이야기를 나눕니다. 올해 이사를 왔다는 윤진이 엄마도 그렇게 만났습니다. 저처럼 워킹맘인 혜민이 엄마도 퇴근하고 혜민이를 데리고 나왔다고 했습니다.

하원 후 웅이 결이는 베이비시터 이모님과 놀이터에 나갑니다. 놀이터에는 늘 웅이 친구들이 있으니 언제 나가도 친구를 만날 수 있습니다. 퇴근 후 놀이터에서 만난 엄마들에게서 아이들 이야기를 전해 듣기도 합니다. 내가 아이 곁에 없을 때, 아이를 아는 눈이 많아 든든합니다.

두 돌, 결이의 첫 등원

"웅이 결이 어머니시죠? 여기 ○○어린이집입니다."

웅이가 다니는 어린이집에 결이 입소대기를 신청해놓았는데, 연락이 왔습니다. 결이 차례가 됐다고 합니다. 웅이는 입소대기를 신청하고 6개월이 지나 입소 연락이 왔는데 이번엔 빠릅니다. 결이가 22개월 때 대기를 신청했으니 2개월 만의 연락입니다. 우선순위 배점 때문입니다. 결이는 어린이집 입소 우선순위 배점에서 1순위인 맞벌이(200점), 영유아(만 5세 이하) 2자녀 가구의 영유아(100점), 2순위인 형제자매가 재원 중인 아동(50점) 등 3가지 항목에 해당됩니다. 합산 점수가 고득점일수록 높은 우선순위를 받는데, 350점이니 대기를 신청한 즉시 대기번호 1번으로 올라간 모양입니다. 기다리던 연락인데 막상 전화를 받으니 망설여집니다. 첫째 웅이는 어린이집에 보낼 준비가 됐다 싶었을 때 충분히 준비해서 입소시켰는데, 결이는 급작스럽습니다. 24개월, 11kg을 겨우 넘긴 작은 체구. 잔병치레도 잦습니다. 어린이집에 보내기엔 너무 이른 것 같아 베이비시터 이모님께 맡기던 참이었습니다.

어린이집 분위기는 이미 잘 알고 있습니다. 웅이가 다니고 있으니까요. 잘 보살펴주실 겁니다. 원장선생님은 "기관 생활을 처음 하는 경우 학기 중간에 들어오는 게 적응이 빠를 수 있어요. 신학기에는 아이들이 모두 적응하느라 울고 불안해해서 덩달아 적응이 더딘데, 학기 중간이니 친구들이 모두 적응했고 안정되어 있거든요. 친구들 보면서 따라 하니 적응이 수월하죠. 한 시간씩 보내면서 적응하는지 아직 무리인지 지켜봐도 좋을 것 같아요."라고 하셨습니다. 놀이터에 나가면 요즘은 결이도 친구 뒤를 졸졸 따라다니니 시도해봅니다.

학기 중간에 들어가니 준비할 시간이 없습니다. 연락을 받고 상의를 하고, 다음 날부터 바로 등원하랍니다. 준비할 시간이 필요하다며 일주일 뒤로 첫 등원을 미뤘습니다.

웅이는 신학기에 들어갔으니 오리엔테이션도 받고 입소식도 하고 신입생 적응 프로그램에 참여하며 슬슬 적응했습니다. 결이는 그런 것이 없습니다. 이미 친해져 있는 친구들 사이로 쑥 들어갑니다. 준비라도 철저히 해서 보내면 좋을 텐데 그럴 시간도 없었습니다. 준비물 주문하고 챙기기에도 짧은 시간이었습니다. 결이는 밥을 먹을 때 세 숟가락 먹으면 자리에서 벌떡 일어나 돌아다닙니다. 입이 짧고 체구가 작은 녀석, 의사 선생님은 수단 방법 가리지 말고 먹여라, 따라다니면서 먹여도 좋다, 그저 먹게만 하라고 하셨습니다. 밥상머리 교육은 조금 더 자라면 하자, 한 입이라도 더 먹이는 게 목적이었습니다. 당장 이 습관이 걸립니다. 단체생활인데, 결이가 어떻게 받아들일지, 한 명이 일어나면 다른 아이들도 모두 일어날 텐데 결이 때문에 식사시간이 난장판이 되는 건 아닌지, 선생님한테 미운털 박히는 건 아닌지, 걱정입니다.

지금 이 상황에서 당장 무엇을 준비할 수 있을까요. 어린이집 선생님인 친구에게 전화를 했습니다. 친구는 대뜸 결이가 몇 시에 일어나는지 묻습니다.

"8시에 일어나."

"어린이집 가면 몇 시에 일어나야 해?"

"늦어도 7시에는 일어나야지."

"그럼 한 시간 일찍 재우고 한 시간 일찍 깨워. 좋은 컨디션으로 등원하면 일단 절반은 성공이야."

일리 있습니다. 베이비시터 이모님과 적응할 때도 가장 중요한 건 결이 기분이었습니다. 일단 푹 자고 일어나 배불리 먹으면 이모님 품에도 잘 가곤 했습니다. 돌아다니면서 먹는 버릇은 걱정하지 말랍니다. 아이들도 어린이집이 집과 다르다는 것을 알고 금세 적응한다고 합니다. 친구들이 앉아서 먹으면 앉아서 먹고, 선생님이 말하면 분위기 보고 금방 따라 한다고 합니다.

웅이는 어린이집에 적응할 때 일부러 다른 아이들보다 늦게 등원시켰습니다. 당시 담임선생님이 "현관에서 친구들이 울고 있으면 웃으며 등원한 아이도 따라서 울거든요. 아이들이 주로 등원하는 시간을 피해 오세요. 기왕이면 아이들이 교실에 들어와서 진정되고 잘 놀고 있을 때 등원하는 게 좋습니다." 조언하셨거든요.

반대로 결이는 1등으로 등원시켰습니다. 일찍 등원하는 아이들은 통합보육을 합니다. 수업이 시작하기 전 웅이와 결이는 통합보육 교실에 같이 있게 됩니다. 낯선 어린이집에 오빠랑 있으면 결이가 수월하게 적응할 것 같았습니다. 집에서 결이 별명은 '메아리'입니다. 오빠의 행동 하나하나를 따라 해서요. 그러니 어린이집에서 오빠를 따라 한다면 적응이 수월할 것 같았습니다. 예상은 들어맞았습니다. 결이는 오빠 손 잡고 어린이집에 쑥 들어갔습니다. 선생님은 "결이가 잘 놀다가 웅이와 떨어질 때 울어요. 웅이가 교실까지 데려다주고 손 흔들어 주면 좀 낫네요."라고 하셨습니다.

결이는 생각보다 잘 적응했습니다. 장난감을 가지고 놀고 정리를 하지 않아 선생님께 지적을 받기도 했고 간식으로 나온 요구르트를 먹지 않고 손가락을 넣어 휘휘 젓다가 꾸지람을 받기도 했습니다. 집에서처럼 어린이집에서도 밥을 세 숟가락 먹고 돌아다녔지만 며칠 지나지 않아 밥을 다 먹을 때까지 앉아 있는다고 합니다. 어린이집에 보내고 한 달 정도 지났을 때 선생님은 알림장에 "이제 결이가 많이 적응했습니다. 수업시간에 목소리도 커졌습니다."라고 적으셨습니다. 제가 느끼기에도 그랬습니다. 한 달 정도 지나니 제가 아침 출근 준비를 할 때 결이도 주방에 있는 가방을 현관 앞으로 옮기며 스스로 등원을 준비했습니다.

우려한 대로 어린이집에 가니 결이는 더 자주 아픕니다. 2살에 보내도, 3살에 보내도, 4살에 보내도 단체생활하는 첫 해는 자주 아프다고들 합니다. 언제 겪어도 한 번은 겪을 일이라고 생각합니다.

어린이집 알림장,
보이지 않는 끈

"건강 상태: 양호, 기분: 좋음, 점심: 많이."

매일 밤 마지막 일과. 어린이집 알림장과 시터 이모님의 메모장을 확인합니다. 집에서는 먹여주려고 해도 혼자 먹겠다고 우기는 결이가 어린이집에서는 선생님께 먹여달라고 했답니다. 아직 숟가락 사용이 서툰 것 같으니 집에서도 연습시켜달라는 말씀에 웃음이 납니다. 선생님께 먹여달라고 입 벌리고 있을 결이가 그려집니다. "결이 숟가락질 잘합니다. 아마 선생님께 어리광 부리고 싶었나 봐요." 답장을 적습니다.

시터 이모님이 남기신 메모장에 웅이가 사골국을 두 그릇이나 먹었다고 적혀 있습니다. 사골국에서 이상한 냄새가 난다며 질겁하는 녀석인데 이모님이 넣어주신 국수가 입에 맞았나 봅니다. 국수가 들어 있으면 뭐든 잘 먹는 웅이입니다.

아이의 일과가 궁금합니다. 어제까진 손 잡아줘야 걸었는데 오늘은 혼자서 걷는 게 아이들입니다. 눈 깜짝할 사이에 사고를 치지만 눈 깜짝한 사이에 무언가를 해냅니다. 한눈팔기 아깝습니다. 워킹맘이 되니 그런 아이와 하루 10시간을 떨어져 있습니다. 아이의 순간순간을 내 눈에 담을 수 없어 아쉽습니다.

아이들의 일과는 시터 이모님과 어린이집 선생님이 저보다 더 잘 알고 계십니다. 아이들이 저보다 더 많은 시간을 보내는 분들이니까요. 눈에 담을 수 없으니 귀로 들으려고 합니다. 시터 이모님, 어린이집 선생님과 더 많이 이야기하고 더 많이 묻습니다.

시터 이모님과의 메모장은 제법 깁니다. 결이가 아직 말이 서투니까요. 무얼 먹었는지, 낮잠은 언제 잤는지, 대변은 언제 봤는지 기본적인 사항부터 체크합니다. "오늘은 놀이터에서 미끄럼틀이랑 그네를 탔네요." "어린이집에서 집까지 혼자 걸어왔어요." "몇 살이냐고 물어보면 손가락 세 개를 펴네요." 사소한 것부터, "낮잠 자기 전에 많이 칭얼댔어요." "오늘따라 창문 밖을 자주 보네요. 엄마 기다리는 것 같았어요." 기분까지 가능한 한 상세히 적어달라고 합니다. 저도 밤 사이에 웅이 결이에게 있었던 일, 부탁할 일을 적습니다. "웅이가 어젯밤 자면서 기침을 좀 했어요. 콧물이 나서 기침을 하는 것 같은데 힘들어하는 것 같으면 연락 주세요." 어린이집 선생님께도 알림장을 가급적 자세히 적습니다. 제가 자세히 적은 만큼 선생님도 자세히 적어주십니다.

웅이는 말이 많지만 물어보는 말에 답하기보다는 하고 싶은 말 하기에 바쁩니다. 갑자기 "엄마, 태희 집 어디야?" 묻습니다. "엄마, 우리 반에 오늘 태희가 새로 왔는데, 태희가 나처럼 자동차를 좋아해. 저번에 마트에서 봤던 그 트럭이 태희 집에는 있대. 나 태희 집에 놀러가도 될까?" 처음부터 끝까지 조곤조곤 설명해주면 좋으련만 한 문장으로 끝냅니다. 태희가 누군지, 왜 태희 집이 궁금한지, 이해가 될 때까지 묻고 또 물어 퍼즐을 맞추고 있으면 웅이는 이미 다른 이야기를 하고 있습니다. 꼬치꼬치 캐묻는 대신 술술 대화를 하려면 사전지식이 많아야 합니다. 웅이 결이를 어린이집에 데려다주면 신발장에 새로운 이름이 붙어 있진 않은지 확인하고 어린이집 커뮤니티에 자주 접속해 아이들 사진과 이름을 익히면 도움이 됩니다.

육아휴직 중이었을 땐 웅이 어린이집이 끝날 때 문 앞에서 기다리며 엄마들과 이야기를 나누곤 했는데, 이제 아이들 하원시간에 이모님이 마중을 나가십니다. 대신 등원시간을 활용합니다. 보통 웅이 결이는 어린이집에 1등으로 등원하는데, 현관에서 아이들 신발을 갈아신기고 있으면 선생님이 나오십니다. 잠깐이지만 웅이 결이가 잘 지냈는지 여쭤보고, 어떤 친구와 잘 노는지, 무슨 놀이를 가장 좋아하는지 묻습니다. 가끔 같은 반 엄마를 만나면 적극적으로 다가가 인사합니다. 낯가림이 많은 성격도 엄마라는 이름 앞에선 꼬리를 감추나봅니다.

엄마와
떨어지는
연습

베이비시터,
짧고 굵게 적응하기

육아휴직 중인 후배에게 연락이 왔습니다. 복직이 6개월 남았는데 베이비시터 구할 생각을 하니 막막하다고요. 언제부터 알아봐야 하는지, 아이를 어떻게 적응시킬지 모르겠다고 했습니다. 후배는 제 이야기를 물었습니다.

첫 번째 복직과 두 번째 복직은 적응 기간도 방법도 하늘과 땅 차이였습니다. 첫 번째 복직은 계획하고 있었기에 복직을 네 달 앞두고 웅이를 돌봐줄 베이비시터를 찾기 시작했습니다. 복직을 한 달 반 앞두고 '이 분이다' 싶은 분을 찾았고 한 달 동안 이모님과 적응 기간을 거쳤습니다. 반면 두 번째 복직은 예정에 없었습니다. 사표를 내려다 복직 2주 전에 마음을 바꿨습니다. 그러니 베이비시터를 찾는 것부터 적응까지 2주밖에 시간이 없었습니다. 복직 나흘 전에 면접을 봤고 복직을 이틀 앞두고 처음으로 출근하셨습니다.

전문가들은 복직을 앞둔 워킹맘들에게 베이비시터와 아이가 충분히 적응할 시간을 주라고 이야기합니다. 가장 이상적인 것은 엄마-아이-대리양육자가 함께 있으며 아이와 대리양육자가 친해진 다음, 엄마가 조금씩 자리를 비우는 것입니다. 30분간 자리를 비웠다가, 1시간, 3시간, 6시간… 그리고 하루 종일. 그렇게 조금씩 시간을 늘리면 아이는 스트레스를 덜 받고 대리양육자에게 적응할 수 있습니다. 웅이 때는 그 기간을 한 달 가졌습니다. 이모님과 웅이가 만난 첫 주는 하루 4시간, 둘째 주는 하루 종일 함께했습니다. 셋째 주부터는 하루에 1시간 제가 외출했고 다음 날은 2시간, 그다음 날은 4시간 외출했습니다. 넷째 주는 출근하는 것과 같은 일과를 보냈습니다. 아침에 나가 저녁에 돌아왔죠.

교과서적으로 완벽한 적응 기간이었습니다. 저도 이모님과 2주를 같이 보내며 웅이에 대해, 집안 살림에 대해 많은 부분을 알려드렸습니다. 웅이도 이모님과 친해진 뒤에 엄마가 외출을 시작하니 크게 힘들어하진 않았습니다. 하지만 출근하는 것과 똑같이 아침에 나가 저녁에 돌아온 건 후회가 남습니다.

당시에 전 카페로 출근했습니다. 카페에 앉아 휴대전화로 집 안에 설치한 CCTV를 보며 웅이를 살폈습니다. 웅이가 침실 거실 화장실을 돌아다니며 "엄마, 엄마" 찾는 모습, 이모님 품에서 낮잠을 자지 않겠다고 버티다가 꾸벅꾸벅 조는 모습 모두 지켜봤습니다. 휴대전화 화면을 보면서 아랫입술을 수도 없이 깨물었습니다.

복직 첫날. 진짜 출근을 하며 꼭 그랬어야 했나, 어차피 이렇게 출근하면 하루 종일 떨어져 있어야 하는데 왜 한 주 먼저 웅이와 떨어져 있었나, 쓸데없는 짓 했다 생각했습니다.

그래서 복직을 앞둔 후배에게는 이렇게 이야기했습니다. 적응할 시간이 충분한 건 좋지만, '출근 예행연습'은 하지 말라고요. 엄마에겐 연습이지만 아이에겐 엄마와 떨어져 있는 매 순간이 실전이니까요. 연습이라면 하루에 한두 시간 떨어져 지내는 것으로 충분합니다. 실전은 실전일 때 겪으면 될 것 같습니다.

반면 두 번째 복직 때 저와 웅이 결이, 이모님께 주어진 시간은 단 이틀이었습니다. 저도 아이들도 이모님과 친해질 시간이 턱없이 부족합니다. 이모님 또한 아이들을 파악할 시간이 없습니다.

일단 서로에게 익숙해지는 게 급선무입니다. 아이들의 일상이 흔들림 없이 유지되는 가운데, 주양육자만 바뀌어야 아이들의 적응을 돕고 스트레스를 줄일 수 있습니다. 일상을 유지하려면 이모님이 아이들을 잘 알고 있어야겠죠. 일단 웅이와 결이의 하루 일과부터 최대한 자세히 정리했습니다.

- 오전 7시 30분: 웅이가 일어나면 결이가 따라서 일어남. 결이가 일어나자마자 울면 배고픈 것. 고구마 말랭이나 과일 주고 빨리 아침 준비하기.
- 오전 8시: 웅이 결이 아침 먹이기. 웅이는 반찬을 밥 위에 모두 얹어서 덮밥식으로 주면 혼자서도 잘 먹음. 결이는 밥보다 반찬을 좋아하니 배고플 때 밥 먼저 먹이고 반찬은 나중에 주면 먹이기 수월함.

⋮

아이들이 좋아하는 음식과 놀이, 싫어하는 것도 정리했습니다. 아이들에 대한 정보를 모두 문서로 만들어 이모님께 드리고 집에도 비치해 언제든 볼 수 있게 했습니다.

저 또한 이모님이 낯설지만 아이들 앞에서는 이모님과 최대한 친근하게 행동했습니다. 이모님이 집에 들어오는 순간부터 반갑게 맞았습니다. 아이들은 타인을 대하는 엄마의 목소리 톤이나 표정에서도 좋은 사람인지 나쁜 사람인지 힌트를 얻는다고 합니다. 그래서 이모님이 오실 때 밝고 건강한 목소리로 인사를 건네고 반겼습니다.

이틀 내내 이모님과 저, 웅이 결이는 함께했습니다. 하지만 이틀이라는 시간은 웅이도 결이도 이모님과 친해지기엔 턱없이 짧았습니다. 결이는 엄마의 복직 전날 처음으로 엄마와 2시간 떨어져 있게 된 것이었습니다. 걱정이 컸습니다. 엄마가 곁에 없다면, 아이들과 친숙한 누군가가 아이들 곁에 있어 주는 게 도움이 되겠다 싶었습니다. 시어머니께 도움을 청했습니다.

복직 첫날, 베이비시터 이모님이 오전 8시에 우리 집에 도착하셨고 시어머니도 비슷한 때 도착하셨습니다. 웅이가 베이비시터 이모님과 함께 있는 시간을 늘려가며 적응했다면 결이는 할머니와 함께하는 시간을 줄이며 적응시키자는 생각이었습니다.

복직 첫 주. 결이는 하루 종일 할머니, 베이비시터와 함께 생활했습니다.

복직 둘째 주. 시어머니는 오후에만 오셨습니다.

복직 셋째 주. 시어머니는 격일로 오후에만 오셨습니다.

결과는 나쁘지 않았습니다. 결이는 할머니가 주는 밥만 먹다가 이모님과 익숙해지자 이모님이 주는 밥도 잘 먹었습니다. 할머니 손을 잡고 놀이터에 갔는데, 시간이 흐르며 이모님 손도 잡았습니다.

첫 번째 복직 때 웅이가 베이비시터와 적응하는 데도 한 달. 두 번째 복직 때 웅이 결이가 베이비시터와 적응하는 데도 한 달이 걸린 것 같습니다. 첫 번째는 엄마와, 두 번째는 할머니와 적응 기간을 거쳤다는 게 다르지만요.

각각의 장단점은 있습니다. 웅이 때는 복직 한 달 전부터 베이비시터가 출근했으니 경제적 부담이 컸습니다. 분명 적응 기간이 길면 아이가 덜 힘들어하겠지만 그만큼 엄마와의 시간은 줄어들 수밖에 없습니다. 베이비시터와 적응하는 시간은 달리 말하면 엄마와 보낼 수 있는 시간을 뺏기는 것입니다.

결이는 베이비시터와 적응 기간이 짧았기 때문에 할머니의 도움을 받아야 했습니다. 이모님과 제가 합을 맞추는 기회가 적으니 출근해서도 이모님과 수시로 문자 연락을 주고받았습니다. 출근해서 정신없는 와중에 이모님의 문자 연락에도 실시간으로 답을 해야 하니 더 정신이 없었습니다. 이모님을 지켜본 시간이 짧아서 저 스스로도 이모님에 대한 믿음이 적었습니다. 그래서 더 자주 연락하고 더 꼼꼼하게 양육 일지를 챙겼습니다.

후배는 셋째를 낳는다면 어떻게 하겠느냐고 물었습니다.

만약 내가 셋째를 낳는다면 (그럴 계획은 전혀 없지만!) 그래서 육아 휴직을 하고 다시 복직한다면 중간을 선택하겠다고 답했습니다. 복직하기 2주 전부터 베이비시터 이모님과 적응 기간을 가지고 복직하기 3일 전부터 하루에 1~2시간 아이와 떨어지는 연습을 할 겁니다. 아이에겐 엄마와 떨어지는 연습도 중요하지만 엄마가 회사에 가도 나를 사랑한다는 확신 역시 중요하니까요. 확신의 바탕은 함께한 시간이고, 그 시간은 많으면 많을수록 좋습니다.

결이: "응? 엄마가 어디 간다고?"

복직을 일주일 남겨둔 날 결이가 아팠습니다. 병원에 가니 의사 선생님이 결이가 좀 마른 것 같다고 걱정하십니다.

"제가 갑자기 복직하게 돼서 정신이 없다 보니 아이한테도 마음이 전해지나 봐요. 통 먹질 않네요." 이야기를 꺼냈습니다. 알고 보니 의사 선생님도 워킹맘이십니다.

"마음이 그렇죠? 나도 그랬어요. 아이와 애착이 강한 편이라 복직하는 게 참 힘들더라고요. 아이는 아이의 인생, 나는 내 인생. 각자 자신의 인생 살면서 같이 가는 거다. 그렇게 생각해요."

그리고 결이 머리를 쓰다듬으시며 이야기를 해주십니다.

"엄마가 그동안 결이 곁에서 사랑 많이 줬지? 선생님이 아는데, 너 엄청 좋은 엄마 만났어. 행운아야. 이제 엄마는 '엄마의 또 다른 일'을 하러 회사에 나갈 거야. 그래도 엄마가 결이를 사랑하는 건 변하지 않아. 걱정 말고 잘해보자."

복직을 결정했지만 마음은 편치 않습니다. 갑자기 결정했기에 준비도 부족합니다. 하지만 그럴수록 편한 마음으로 아이를 대해야 합니다. 아이는 엄마 감정을 스펀지처럼 흡수하니까요. 말은 알아듣지 못해도 분위기는 알아먹습니다. 수시로 이야기합니다. "결아, 이제 다섯 밤 자면 엄마는 아침에 일어나서 회사에 갔다가 결이가 저녁 먹은 다음에 집에 올 거야."

그리고 의사 선생님을 만난 뒤로는 "엄마는 회사에 가지만, 널 사랑하는 마음은 똑같아. 떨어져 있어도 엄마는 늘 너를 많이 사랑해." 덧붙입니다.

까꿍 놀이, 숨바꼭질, 장난감을 숨기는 놀이도 자주 했습니다. 이런 놀이를 자주 하면 눈앞에서 사라져도 없어지는 게 아니라는 것, 다시 나타난다는 걸 배울 수 있다고 합니다.

'엄마 대용품'도 만들어줘야겠습니다. 뭐가 좋을까, 살피다 보니 웅이가 겸이만 할 때 생각이 납니다.

웅이의 첫 엄마 대용품은 TV였습니다. 정확히 말하면 디지털 액자입니다. 웅이가 태어나면서 TV를 없앴고 남편은 TV 모니터에 컴퓨터를 연결했습니다. 대기화면으로 우리 가족 사진을 넣었더니 디지털 액자가 되었습니다. 웅이는 전원 버튼을 누르면 엄마 아빠가 나타났다가 전원 버튼을 또 누르면 사라지는 게 재밌는지 하루에도 여러 번 TV를 가지고 놀았습니다.

제가 복직을 한 뒤로 웅이가 액자를 보는 시간이 더 많아졌습니다. 사실 전 웅이가 사진을 자주 본다는 것도 몰랐습니다. 제가 출근한 사이 웅이를 보러 온 친정엄마가 알려줘서 알았습니다. 친정엄마는 일하러 간 엄마의 빈자리를 엄마 사진이 채우는 것 같다고 하셨습니다. 웅이가 잘 놀다가도 쪼르르 TV 앞으로 가서 사진을 보고 웃고 뽀뽀도 한다면서요. 시터 이모님도 같은 말씀을 하십니다. 특히 졸릴 때, 퇴근 시간이 가까워질수록 사진을 더 본다고 하시네요.

전문가들은 워킹맘이 아이와 떨어져 있는 동안 아이에게 엄마를 대신할 물건을 만들어주는 것이 도움이 된다고 말합니다. 반면 주변 엄마들은 아이가 특정 물건에 집착하기 시작하면 초등학생이 되어도 그 물건만 찾는다, 빨래라도 하려면 아이에게 3박 4일은 사정해야 한다며 처음부터 만들지 말라고 합니다.

저 또한 어렸을 때 토끼 인형에 집착했었습니다. 지금은 기억도 잘 나지 않지만 어렸을 때 사진을 보면 제 손에는 언제나 토끼 인형이 들려 있었습니다. 3살 때 사진에서는 두 귀가 쫑긋했던 토끼가 유치원 때 사진에서는 두 귀가 축 처지고 털도 다 눌려서 참 초라해 보였습니다. 사진을 보며 나중에 우리 아이한테는 이런 물건 만들어주지 말아야지 했었습니다.

그래서 아이에게 엄마의 빈자리를 채울 물건을 만들어주라는 전문가들의 조언을 무시했습니다. 그런데 만지거나 안을 수도 없는 TV 속 엄마 사진을 보며 위안을 받았던 웅이를 생각하니 제가 잘못 생각

한 것 같습니다. 지금이라도 결이에게 '엄마 대용품'
을 만들어줄까, 어린이집 선생님인 친구에게 물어
봤더니 이제라도 만들어주라고 합니다. 엄마의
체취가 묻은 물건을 아이에게 주고 "엄마가 없
어도 이 물건하고 놀다가 엄마가 돌아오면 같이
놀자"고 이야기하는 것이 좋답니다. 이때 물건
은 엄마 품처럼 보드라운 게 좋다네요. 이불이
나 인형처럼요. 엄마 사진을 넣은 액자로 목걸
이를 만들어줘도 좋답니다. 애착 물거을 2~3개 만
들어주면 한 가지에 집착하는 것을 방지할 수 있다고 합
니다.

시댁이나 친정에 아이를 맡겨두고 주말에
만 아이를 집으로 데려 오는 경우 '엄마 대용
품'은 더욱 중요합니다. 평일에는 시댁이나 친
정에서 지내다 주말에만 집으로 데리고 오면
아이에게는 집이 낯선 공간일 수 있는데, '엄마 대용
품'을 가지고 오면 아이는 이 물건에 의지해 쉽
게 적응합니다. 물론 시댁에 갈 때 다시 가져가
야 합니다.

결이는 졸릴 때 제 옷자락을 잡습니다. 잠들

어도 한참을 꼭 쥐고 놓지 않습니다. 모유 수유를 하기 때문에 집에서는 주로 수유티를 입고 있죠. 벗어놓으면 질질 끌고 다니는 걸 보니 이미 결이의 애착 물건이 된 것 같습니다. 부드럽고 (좀 크긴 하지만) 가지고 다닐 수 있고, 하늘색 노란색 두 벌입니다. 퇴근해서 밤새 입고 있으면 엄마 냄새가 잔뜩 배이겠죠. 수유복을 같이 잡고 결이에게 이야기합니다. "엄마가 출근할 땐 이 옷을 결이한테 줄게. 엄마 없을 땐 이 옷하고 놀다가 엄마가 돌아오면 결이가 엄마 입혀줘."

웅이: "회사 안 간다고 했잖아!"

"엄마 말 믿어. 엄만 웅이한테 거짓말 안 해."

항상 이렇게 이야기했었는데 가장 큰 거짓말을 하고 말았습니다. 수박만큼 나왔던 배가 쏙 들어가면, 웅이의 동생이 태어나면 회사에 가지 않는다고 약속했는데 거짓말이 되어버렸습니다.

어린이집 하원시간, 제일 먼저 뛰어나와 신발을 갈아 신고 현관문 너머로 엄마를 찾고 눈이 마주칠 때까지 손을 흔드는 아이입니다. 어떻게 이야기를 해야 할까요. 끝까지 엄마의 출근을 반대하면 어떻게 해야 할까요.

"웅아." 불러놓고 입이 떨어지지 않습니다. "엄마가 웅이 세상에서 가장 사랑하는 거 알지?" 괜한 사랑 고백만 합니다. 하지만 더는 미룰 시간이 없습니다. 말해야 합니다.

"웅아." "응." "웅이 아침에 일어나면 어린이집 가지?" "응."

"이제 열 밤 지나면 웅이 어린이집 갈 때 엄마도 회사에 갈 거야." "그래." 어렵게 말을 꺼냈는데 웅이 녀석 너무도 흔쾌히 답합니다. 무슨 뜻인지 모르는 것 같습니다. 자세히 설명합니다.

"웅이는 어린이집에서 점심 먹고 낮잠 자고 집에 오지? 그런데 엄마는 그것보다 조금 더 늦게 집에 와. 아빠처럼 밖이 깜깜해지면 올 거야."

울먹울먹하던 웅이가 결국 눈물을 쏟습니다. "괜찮아. 엄마 집에 온다니까." 달래는데, 웅이는 엉뚱한 말을 합니다. "그럼 나는 어떻게 집에 와?" 아, 웅이 입장에선 누가 돌봐줄지가 중요하군요. 생각하지 못했습니다. "예전에 결이 태어나기 전에, 엄마 회사 가면 우리 집에 이모님이 오셨었잖아. 그때처럼 이모님이 오실 거야. 그때랑 같은 이모님은 아니고 다른 이모님. 그럼 엄마 회사 가도 괜찮아?" "응. 갔다 와."

싫다고 떼쓸 줄 알았는데 의외입니다. '다른 이모님'에 대해 꼬치꼬치 묻습니다. (막상 복직하고 며칠 지나니 그때부터 자고 일어나면 또 회사에 가냐고, 가지 말라고 하더군요. 이땐 뭐가 뭔지 몰랐나 봅니다.)

엄마와 떨어져 본 적 없는 결이에게는 엄마가 회사에 가도 돌아온다는 확신을 주는 것이 중요하지만 웅이는 이미 한 번 엄마가 회사에 다니는 걸 경험했습니다. 어린이집을 다니며 이미 오전 9시부터 오후 4시까지는 엄마와 떨어져 있습니다. 엄마와 헤어져도 다시 만난다는 것, 잘 알고 있습니다. 웅이처럼 어느 정도 자란 아이에겐 엄마가 회사에 가도 너의 일과는 변함없이 유지된다는 걸 알려주는 게 중요하다고 합니다. 설명하고 이해시키는 게 중요합니다.

그래서 웅이에게 복직을 이야기한 뒤로는 "엄마가 회사에 가면 너와 결이를 돌봐줄 이모님이 오실 것"이라고 자주 이야기했습니다. 어린이집 하원시간에 이모님이 갈 것이고, 집에 같이 와서 간식을 먹고, 놀이터도 가고, 지금처럼 만화도 보여줄 것이라고 설명했습니다. 엄마가 출근해도 바뀌는 것은 없다고 반복해서 알려줬습니다.

취학 전 아이들은 불안을 에너지로 쉽게 바꾼다고 합니다. 아이가 이모님이 낯설어 불안해하면 이모님께 드릴 환영 편지를 쓰거나 이모님과 함께 읽을 책을 고르는 등 불안을 기대로 바꿀 수 있는 놀이가 도움이 된다고 하더군요. 웅이에게도 효과적이었습니다. 이모님이 오시기 전 웅이에게 "오늘은 이모님한테 무슨 책 읽어달라고 할까? 5권 골라볼까?" 하면 웅이는 신나서 책을 고르고 이모님을 기다렸습니다.

웅이는 생각보다 '워킹맘 엄마'를 잘 받아들였습니다. 가끔 심술이 나는 건지 확인하고 싶은 건지 "엄마는 내가 좋아, 회사가 좋아?"

묻긴 했지만요. 그럴 때도 웅이가 이해할 수 있게 설명했습니다.

"웅아, 웅이 아이스크림 좋아하지?" "응."

"아이스크림 한 개 먹고 두 개 먹고, 맛있어서 또 먹으면 어떻게 될까?" "배 아파."

"아이스크림이 좋아도 한 개만 먹고, 밥도 먹고 생선도 먹고 시금치도 먹고 고기도 먹어야 하는 거지?" "응."

"엄마도 그래. 웅이랑 결이가 세상에서 가장 좋지만, 엄마는 설거지도 해야 하고 빨래도 해야 하고 회사도 가야 해. 그게 엄마의 할 일이야. 엄마는 웅이랑 같이 있을 때도 기쁘지만 우리 가족을 위해 설거지를 하고 빨래를 할 때, 회사에서 일을 할 때도 행복해. 그래서 웅이가 엄마의 할 일을 존중하고 엄마가 좋아하는 일을 존중해주면 좋겠어."

고맙게도 고개를 끄덕여주는 웅이를 꼭 안아주었습니다.

설마 했던
그날은
온다

그날이 올까, 다시 출근하는 그날이 정말 올까? 반신반의하며 손가락을 꼽았습니다. 엄마만 지나가도 웃는 아이를 보면 미안함과 걱정에 한숨이 나오지만, 사무실에 앉아 다시 내 이름으로 불릴 생각을 하면 설레기도 합니다. 그동안의 공백이 생각나며 '잘할 수 있을까' 걱정도 됩니다.

하루 또 하루가 지나는 게 아깝습니다. 아이와 24시간 붙어 있는 시간이 얼마 남지 않았다는 생각에 조바심이 납니다. 조금 더 안아줄걸, 조금 더 품어볼걸 부족했던 순간만 생각납니다. 일주일에 5일, 비가 와도 눈이 내려도 뚜벅뚜벅 출근했던 회사인데, 무슨 옷을 입고 회사에 다녔더라? 기억이 가물가물합니다.

임신과 출산, 육아휴직. 2년이 훌쩍 지났습니다. 옷장을 열어보니 내가 입었던 옷인데 왜 이렇게 어색한지요. 신발장 속 하이힐은 남의 신발 같습니다. 이 옷을 다시 입을 수 있을까. 애엄마한테 어울리지 않는 옷 아닐까. 마음은 백화점에 가고 싶지만 주머니 사정도 걸립니다. 직장인이었던 나는 어땠지? 대체 어떻게 회사를 다녔었나요.

회사에 돌아갈 준비를 시작합니다. 거울 속 내 모습을 점검합니다. 이제부터 직장인으로서의 나를 그려볼 시간입니다. 질끈 동여맨 머리. 머리부터 손질해야겠습니다. 출산하기 전 미용실에 가서 "곱슬거리게 파마해 주세요" 한 게 마지막이었습니다.

미용실에 갔습니다. "머리를 어떻게 해드릴까요."

아이가 없을 때는 매일 아침 머리 손질을 열심히 했습니다. 복직하면 그럴 시간이 없겠지요. 머리 감고 툭툭 털어도 단정하게, 파마를 해달라고 합니다. "길이는요?" 복직하면 미용실 올 시간이 없습니다. 머리 손질을 하지 못하는 날도 있을 겁니다. "짧게요. 근데 묶이긴 해야 해요." 겨우 묶이는 길이로 파마를 했습니다. 집에 들어서니 웅이가 대뜸 그럽니다. "엄마, 머리가 이상해." 결이도 이상한지 눈만 끔뻑끔뻑합니다. 머리를 묶으니 그제야 안기네요.

요즘 표현으로 연예인은 얼굴도 '열일'한다는데 아이를 낳고 제 얼굴은 같이 육아휴직을 했습니다. 매일 민낯이었습니다. 아이와 살비비는 게 일상, 제가 화장을 하면 아이에게도 묻으니까 화장을 하지

않았습니다. 그리고 사실 스킨 로션 크림, 순서대로 챙겨 바르는 것
도 귀찮았습니다. 아이 발라주고 손에 남은 로션을 제 얼굴에도 발랐
습니다.

출산부터 육아휴직까지 그렇게 지냈으니 화장대에 변변한 화장품
이 없습니다. 출근하려면 최소한의 화장은 해야 합니다. BB크림, 파
우더가 어디 있더라⋯. 아, 저기 있다. 꺼내보니 유통기한이 지났습
니다. 스킨 로션 선크림 BB크림 파우더까지 한번에 주문합니다.

다음은 옷장. 임신하기 전으로 체중은 돌아왔습니다. 예전 옷 그대
로 입으면 되겠네, 싶었는데 막상 입어보니 남의 옷 입은 것 같습니다.
출산을 하면 체형이 바뀐다더니, 그 말이 사실인가 봅니다. 일단 모
유 수유하며 '흔적기관'이 된 가슴부터 문제. 속옷이 맞지 않습니다.
옷을 모조리 꺼내 입을 수 있는 옷과 입을 수 없는 옷으로 나눕니다.
월화수목금 5일 출근하니까 일단 5벌을 채우자. 아무리 골라도 3벌
뿐입니다. 복직해서 초라해 보이긴 싫습니다. 새 옷을 사야겠습니다.
돈 아까워도 투자다, 생각합니다.

옷을 살 땐 블라우스보단 니트가 좋습니다. 출근하기 전에 아이
를 꼭 안아줘야 하는데 블라우스는 구겨지거든요. 블라우스 신경 쓰
느라 엉거주춤 안아주기도 싫습니다. 아침부터 구겨진 블라우스 보
여주기도 싫습니다. 기왕이면 회색, 아니면 무늬가 있는 옷이 낫습니
다. 결이 녀석, 이것저것 먹던 손으로 와락 저를 잡을 때가 많습니다.

흰색이나 검정색, 단색 옷은 얼룩이 잘 보입니다.

신발도 점검합니다. 출근길 지각을 하지 않으려고 뛰는 날도 많을 겁니다. 게다가 웅이를 어린이집에 데려다주고 출근해야 합니다. 제가 넘어지면 웅이도 다치죠. 구두 굽은 낮을수록 좋습니다.

그리고 무엇보다 중요한 건 웅이 결이와의 시간. 엄마와 오롯이 보낼 수 있는 하루가 얼마 남지 않았습니다. 더 많이 안아주고 더 많이 뒹굽니다. 엄마는 회사에서도 너희들을 사랑하고 생각하는 건 변하지 않는다고 이야기도 자주 합니다. 불안한 마음은 숨겨야 합니다. 아이는 엄마의 거울입니다. 제가 불안해하면 아이는 금세 눈치 채고 같이 불안해합니다.

처음 복직을 했을 때, 잔병치레 없던 웅이는 자주 아팠습니다. 감기에 중이염, 어린이집에 다니지도 않는데 수족구에 걸려 '멘붕'이 되기도 했습니다. 바뀐 환경에 힘들어서일 겁니다. 두 번째 복직이라고, 한 번 해봐서 이제는 압니다. 결이도 그럴 겁니다.

'워킹'이 흔들리는 건 견뎌도 '맘'이 흔들리면 견디기 힘듭니다. '맘'은 아이들이 아플 때 가장 심하게 흔들립니다. 한 번이라도 덜, 아파도 짧게 아프면 좋겠습니다. 웅이 결이 영양제를 주문합니다. 그리고 남편 것도요. 따뜻한 밥은 아니더라도 아침을 챙겨줬었는데 한동안은 신경 쓰지 못할 것 같습니다. 남편 건강도 걱정됩니다. 남편의 영양제도 주문합니다.

아, 그리고 내 영양제도 챙깁니다. 복직하기 전 엄마가 생일선물 미리 준다며 큰돈을 입금하셨습니다. "복직 준비하려면 이것저것 돈 쓸 일 많지. 돈 아까워 말고 쓸 건 써. 그리고 영양제도 사 먹어라. 하고 싶은 일이 있으면 건강부터 챙겨야 해."라고 하시면서요. 그동안 식구들 영양제 챙기면서 제 건 쏙 뺐습니다. 전 원래 건강 체질이니까요. 그런데 웅이 때 생각이 납니다. 복직하고 체력이 부칠 때마다, 연중행사였던 감기가 월례행사가 되고 나서야, 나도 영양제라도 먹을걸 후회했습니다. 가족 중 체력적으로 가장 힘든 건 나입니다. 가족 중 누구 하나 아파도 되는 사람은 없습니다. 엄마라는 자리는 더 그렇습니다. 엄마가 아프면 집안이 멈춥니다. 그러니 이제부턴 무조건 더 건강해야 합니다. 이번엔 내 영양제도 챙깁니다.

마지막으로 나 스스로에게 이야기합니다. 너무 겁먹지 말자. '애 엄마 직원'이라고 다를 건 없다. 출근해서 일하고 퇴근하면 된다. 내 책상이 있는 한 내가 할 일도 있는 것이다. 칭찬 받는 날도 있고 깨지는 날도 있고, 이 맛에 회사 다니지 하는 날도 있고 때려치우고 싶은 날도 있을 것이다. '직장인 엄마'라고 다를 건 없다. 아이를 사랑하는 마음, 하나라도 더 해주고 싶은 마음, 한 번이라도 더 안아주고 싶은 마음은 같다. 아이에게 미안해하지 말자. 함께 있는 동안의 소중함을 알고 더 많이 품으면 된다. 그리고 한마디 더요. 잘할 것이다. 잘해낼 것이다. 그렇게 믿자.

2

복직 한 달,

이 고비를 넘겨라

폭풍 같은
아침

워킹맘의 하루를 시작합니다

두 번째 육아휴직 끝. 복직 첫날입니다. 두 아이를 떼어놓고 출근한다는 게 실감이 나지 않습니다. 밤새 이리 뒤척 저리 뒤척. 첫날부터 늦을까 봐 새벽 5시에 알람을 맞춰놨는데, 알람이 울리기도 전에 이미 정신이 말짱합니다.

5분만 더 아이들 곁에 누워 있을까 싶다가도 '출근 예행연습'에 따르면 그럴 여유가 없습니다. 며칠 전부터 출근 날 아침 상황을 연습했거든요. 아침에 5분 꾸물거리면 집에서 20분은 늦게 나가게 됩니다.

아이들이 일어나기 전에 씻고 화장을 하고 아침상을 차립니다. 미리 준비할 수 있는 일을 다 마치면 남편이 아이들을 깨웁니다. 눈 뜨자마자 밥상머리에 앉은 아이들은 입맛이 없습니다. 책을 읽어주고 상황극을 하며 밥을 먹입니다. 웅이 어린이집 등원 준비를 하고 시터 이모님을 기다립니다. 이모님이 현관문을 열고 들어오시면 결이에게 인사를 하고 웅이 손을 잡고 집을 나섭니다. 벌써 9시가 다 됐습니다.

웅이를 어린이집에 데려다주고 시계를 보니 자칫하면 지각입니다. 종종걸음으로 지하철역에 도착했습니다. 이제야 출근이 실감납니다. 15개월을 쉬었는데 잘할 수 있을까, 욕이나 먹지 않을까, 이런저런 걱정이 몰려옵니다.

회사에 오니 책상도 의자도 컴퓨터도 책도, 심지어 사무실에서 신던 실내화까지도 15개월 전 그대로입니다. 가방을 내려놓고 선후배 동료들에게 인사부터 다녔습니다. 반갑다, 잘 돌아왔다는 인사에 마음이 조금 가벼워집니다.

내 자리가, 일이, 동료들이 반가운데 마음 한 편에는 아이들이 아른거립니다. 웅이는 큰 걱정 없습니다. 또래보다 덩치도 크고 말도 빠른 편이어서 의사표현이 정확합니다. 어린이집에서 오후 4시에 하원하니 사실상 엄마와 떨어져 지내는 시간은 제가 퇴근할 때까지 3시간 늘었을 뿐입니다. 웅이는 약속을 어기고 다시 회사에 나가겠다는 엄마의 결정에 동의해주었습니다.

이제 15개월인 결이는 다릅니다. 아이는 손이 타게 키워야 한다는 저와 남편은 아이를 가능한 한 많이 안고 업었습니다. 둘째는 '막 굴리며' 키운다던데 우리 부부는 또래보다 작고 잔병치레가 많은 둘째를 첫째보다 더 보듬었습니다. 그래서 시터 이모님을 찾을 때 가장 신경 쓴 것도 체력입니다. 아이를 안아줄 힘이 달리면 안 되니까요. 엄마가 아닌 남의 품에서 잠든 적도 한 번 없는 아이를 하루 10시간 떼어놓으니 가시방석에 앉은 듯합니다.

두 번째 복직이라 덜 힘들 줄 알았는데, 두 번째 복직이니 떼어놓은 아이도 둘. 마음은 더 무겁습니다. 휴대전화의 CCTV 어플을 실행합니다.

CCTV 속 결이는 잘 놀고 있습니다. 아침에 제가 신발을 신으니 자기도 데려가라며 두 팔을 들고 울던 모습이 떠올라 속상했는데…. 어제까지만 해도 소파를 잡고 옆으로만 걷더니 오늘은 걸음마 보조기를 잡고 집안 곳곳을 누비고 있습니다. 아이의 첫 걸음마를 CCTV로 본 게 아쉽지만 퇴근하고 집에 가면 직접 볼 수 있을 겁니다. 결이 녀석, 아마 엄마 아빠 앞에서 칭찬받으려고 열심히 연습하고 있을 겁니다. 첫째가 그랬던 것처럼요.

어젯밤 첫째의 어린이집 알림장의 글이 생각납니다. 웅이 담임선생님은 아들 둘의 엄마, 선배 워킹맘입니다. "어머니, 내일 첫 출근이시죠? 담대하고 강하게 힘내세요! 아이들도 잘할 겁니다."

아침밥 vs 아침잠

선생님: 요즘 웅이가 피곤한가 봐요. 점심을 먹다가 졸리다고 해서 교실 한쪽에 이불 펴줬더니 금방 잠들었습니다.

ㄴ 나: 아침밥을 먹이려고 좀 일찍 깨우는 편이에요. 그래서 오전에 피곤해하는 것 같아요.

ㄴ ㄴ 선생님: 아침밥도 중요하지만 아이들에게는 아침잠도 중요해요. 아침에 조금 늦게 깨우는 건 어떨까요?

어린이집 알림장에 요즘 들어 부쩍 웅이가 피곤해한다, 졸려 한다는 내용이 많아졌습니다. 아마 제가 부서가 바뀌며 출근 시간이 일러진 뒤부터인 것 같습니다. 저의 출근이 오전 10시에서 9시로 한 시간 옮겨졌으니 웅이도 어린이집에 한 시간 일찍 등원합니다.

한 시간 일찍 어린이집에 가려면, 한 시간 먼저 일어나야 합니다. 웅이는 보통 스스로 일어나는 편인데 일찍 깨운 뒤로는 스스로 일어나지 못합니다. "웅아, 일어나. 엄마랑 놀자~."라고 해도 가까스로 일어나 잔뜩 짜증 섞인 말투로 "엄마, 왜 이렇게 일찍 깨워요. 한숨도 못 잤단 말이에요."라며 입을 쭉 내밀고 있습니다.

아침 식탁 앞에서도 수저를 들 생각을 하지 않습니다. "아침을 먹어야 쑥쑥 자란대." 이야기하지만 웅이는 먹일 테면 먹여보라는 표정입니다.

친정엄마를 생각하면 아침밥이 가장 먼저 떠오릅니다. 아플 때도, 바쁠 때도 엄마는 "아침밥을 먹어야 집을 나갈 수 있다. 아침밥은 모든 일의 시작이다."라고 하셨습니다. 열이 올라 입맛이 없을 때도 엄마는 밥에 물이라도 말아서 한 입이라도 먹이셨고 늦잠을 자서 허둥지둥할 때도 밥그릇을 들고 따라다니며 먹이셨습니다. 그땐 참 귀찮고 짜증났는데 어느새 아침밥은 습관이 됐습니다. 어느 날부터는 저 또한 하루를 계획할 때 아침밥 먹을 시간을 꼭 챙겨넣었습니다. 그래서 저 또한 아이들에게 아침밥은 꼭 챙겨주려고 합니다.

아이들이 일어날 때까지 기다려 기분 좋게 아침을 먹이고 싶습니다. 그래야 잘 먹는다는 것도 압니다. 하지만 현실은 출근 시간에 맞춰 억지로 깨워서 억지로 먹이기. 눈도 뜨지 못하고 꾸역꾸역 먹는 웅이를 보고 있으니 아침밥만큼이나 아침잠도 중요하다는 선생님의 말씀이 생각납니다.

정말 잠이 부족한가 계산해봅니다. 웅이는 보통 밤 10시 반에 잠들고 아침 7시에 일어납니다. 어린이집에서 낮잠은 1시간 반 정도 잡니다. 밤잠 8~9시간에 낮잠을 합치면 9~11시간 자는 셈입니다. 미국 수면재단의 '연령대별 권장 수면시간'에 따르면 만 3세인 웅이의 권장 수면시간은 10~13시간입니다. 잠이 크게 부족하진 않습니다.

개인차는 있을 겁니다. 웅이가 유독 아침잠이 많은 아이일 수도 있습니다. 출근 시간이 일러지면서 한 시간 일찍 깨우는 게 웅이에게 버거울 수도 있습니다. 아침밥을 포기하면 30분은 더 늦게 깨워도 될 것 같습니다. 하지만 아침밥도 습관이라, 매일 아침밥을 먹는 것도 몸에 배었으면 합니다. 한 조사 결과에 따르면 아침밥을 거르는 사람 중 절반 이상이 '습관적으로 안 먹는다'고 답했습니다.

아침밥과 아침잠, 뭐가 더 중요한지 모르겠습니다. 지인들에게 물어봤습니다. 조금 더 재우고, 먹이기 간편한 식사를 준비하라고 합니다. 아하!

편식이 심한 편이라 항상 웅이 식단은 골고루 먹이는 데 중점을 뒀는데 아침은 웅이가 잘 먹는 데 중점을 둡니다. 한 숟갈이라도 더 먹이려면 정리하는 시간도 짧은 게 좋습니다. 준비하고 치우는 시간이 짧으면 저도 편합니다. 그렇다고 영양을 포기할 순 없습니다. 빵보다는 시리얼, 시리얼보다는 밥이 좋겠습니다. 웅이 결이가 좋아하는 한 그릇 음식을 준비합니다. 전복이나 소고기를 올려서 밥을 하거나, 멸치나 소고기, 새우를 미리 볶아뒀다가 주먹밥을 합니다.

아이들 기분이 좋지 않은 날은 밥을 다독거려 하트 모양으로 만들거나 김을 오려서 웃는 얼굴을 만듭니다. 밥상 앞에 앉은 웅이는 "내가 널 다 먹어버리겠다"며 와구와구 먹습니다. 오빠가 와구와구 먹으니 결이도 덩달아 와구와구 먹습니다.

아이들은
아프고

오늘도 아픈 아이들

아침잠이 많은 웅이가 요즘은 새벽같이 일어납니다. 제가 씻고 나와 머리를 말리면, 드라이어 소리에 부스스 일어나죠. "엄마 일어났네. 나 엄마 옆에 있을래."

머리를 말리고 아침 준비를 하느라 같이 놀아주지도 못하는데 웅이는 엄마 옆에서 보고만 있어도 좋다며 실실 웃습니다. 이런 이야기 저런 이야기 나누며 아침을 시작합니다. 그 모습이 예뻐 꼭 안았는데, 뜨끈합니다. 볼에도 홍조가 돕니다. 체온을 재보니 37.5도.

"웅아, 어디 아파?" "아니~." "혹시 목이 따갑거나 침 삼킬 때 목

아파?" "아니, 괜찮아."

저를 닮아 편도선이 큰 웅이는 자주 열감기를 앓습니다. 열이 나면 열에 아홉은 목이 부었기 때문입니다. 목이 아프지 않다는 걸 보니 심하진 않은 것 같습니다.

출근 준비를 하며 어린이집에 보내야 하나 보내지 말아야 하나, 고민합니다. 시터 이모님은 둘째를 주로 돌보시기에 웅이가 집에 있어도 많이 신경 써주시지 못할 겁니다. 웅이가 많이 아프지 않다면 집에서 심심해할 것 같습니다. 어린이집에 보내기로 하고, 혹시 모르니 해열제를 챙깁니다. 열이 38도가 넘으면 약을 먹여달라고 쪽지를 남겼습니다. 웅이에게도 "힘들면 선생님께 집에 가고 싶다고 이야기해." 여러 번 말합니다.

몸은 회사에 있는데 아이 생각이 계속 납니다. 열이 나면 어린이집 선생님에게서 연락이 오겠지, 휴대전화에서 눈을 떼지 못합니다. 웅이 하원시간까지 휴대전화는 울리지 않았습니다. '다행이다. 열이 오르진 않았나 보다.' 한시름 놓습니다. 그래도 혹시 모르니 시터 이모님께 웅이 가방 안의 해열제 통을 확인해달라고 합니다. 통이 비었으면 웅이가 약을 먹었다는 뜻이고, 열이 났다는 거니까요. 이모님께 연락이 왔습니다. 약통이 비었고, 12시경 약을 먹였다는 쪽지가 들어있다고 합니다. 갑자기 정신이 없어집니다.

퇴근 시간만 기다립니다. 퇴근하자마자 병원으로 달려갔습니다.

아이를 만나자마자 이마를 짚어보니 심하진 않은 것 같습니다. 일단 다행입니다. 의사 선생님은 목이 많이 부었다고, 오늘 좀 힘들었을 거라고, 오늘 밤에 열이 많이 날지 모르니 잘 살펴보라고 하십니다.

"애들이 왜 이렇게 자주 아플까요. 이럴 땐 꼭 제 탓 같아요." 푸념이 나옵니다. 제가 복직한 지 얼마 안 되는 걸 아시는 의사 선생님은 "그런 죄책감 느끼면 안 되는 거 알죠? 한때예요. 이 시기만 지나면 덜 아플 거예요." 위로해주십니다.

집에 오자마자 어린이집 알림장을 폈습니다. 웅이가 열이 나서 전화를 했었는데 제가 받지 않았다고 적혀 있습니다. 열이 나는 아이들은 교무실 침대에서 쉬게 하는데, 낮잠이라도 집에서 편히 자게 하려고 전화하셨답니다. 저와 통화는 안 되고 웅이는 교무실에 가지 않겠다고 해서 교실 한쪽에 이불을 펴고 쉬게 하셨다고요. 약을 먹고 열이 떨어지니 놀고 싶다고 해서 정규 수업을 다 받고 하원했다고 합니다.

눈물이 뚝뚝 떨어집니다. 아이가 아픈 건 제 탓이 아니라고 해도, 낮잠마저 편히 자지 못하게 만든 게 미안하고 또 미안합니다. 휴대전화를 다시 확인하지만 어린이집에서 걸려온 부재중 통화는 없습니다. 점심에 회식이라고 지하에 있는 식당에 갔는데 휴대전화가 터지지 않았던 모양입니다. 휴대전화를 던져버렸습니다.

제 마음을 아는지 모르는지 웅이는 오늘따라 "난 엄마가 참 좋아." 노래를 부르며 따라다니네요. 둘째부터 얼른 재우고 첫째를 안아서 미안합니다.

가슴에 불이 난 것 같습니다.

재워야겠습니다. "아빠랑 놀고 있으면 엄마가 결이 재우고 올게. 엄마랑 꼭 안고 자자." 이야기하고 결이부터 재웁니다. 거실에서 웅이 소리가 점점 작게 들립니다. "웅이 자. 책 읽어주니까 까무룩 잠들어 버리네." 남편이 침실 문을 살짝 열고 말합니다.

미안합니다. 가슴에 불이 난 것 같습니다. "오늘 많이 힘들었어?" 물었을 때 "응. 그런데 약 먹고 괜찮아졌어." 웃으며 대답하고 "그리고 난 엄마가 좋아." 하던 모습이 떠오릅니다.

복직하고 첫째보다 둘째에게 더 신경이 쓰였습니다. 첫째는 아빠에게 미루고 둘째에게 집중했습니다. 아직 엄마가 고픈 나이인데, 첫째라는 이유로 신경을 덜 썼습니다. 요즘 들어 엄마가 좋다고 졸졸 따라다니는 첫째를 충분히 안아주지 못한 걸 반성하고 있었는데….

미국 케어닷컴(www.care.com)이 실시한 조사에 따르면 워킹맘 4명 중 1명은 일주일에 한 번은 운다고 합니다. 오늘이 그날인가 봅니다.

아이가 오래 아픈 건,
워킹맘인 내 탓

사흘째 웅이 열이 떨어지지 않습니다. 미열이 계속됩니다. 병원에 가봐야겠다 마음을 먹으면 열이 떨어지고, 다행이다 안심하면 다시 미열. 병원에 갔습니다. 또 편도선이 부었다고 하네요. 의사 선생님은 심하지 않으니 곧 괜찮아질 것이라고 하십니다.

아이가 아프면 마음이 한 짐입니다. 낮 시간 아이 곁을 지킬 수 없다 보니 아이가 아플 땐 죄인이 된 것 같습니다. 그래도 심하지 않다니, 고열은 아니니 이번엔 조금 덜 죄인입니다.

그런데 '곧 괜찮아질 것'이라는 의사 선생님 말씀과 달리 웅이 컨디션이 좋아지지 않습니다. 다시 병원을 찾았습니다. "웅이가 활동량이 많은가요? 좀 쉬면 금방 좋아질 것 같은데, 푹 쉬게 해주세요." 당분간 어린이집에 보내지 말아야 하나 고민이 됩니다.

아직 요일 개념이 없는 웅이에게 평일은 엄마 아빠는 회사에 가고 웅이는 어린이집에 가는 날, 주말은 엄마 아빠가 회사에 가지 않고 웅이도 어린이집에 가지 않는 날입니다. 처음부터 그렇게 알려줬더니 웅이는 엄마 아빠가 출근하면 가기 싫어도 군말 없이 어린이집에 갑니다.

육아휴직 중에는 웅이가 아프면 어린이집에 보내지 않았지만 제가 복직한 뒤로는 열이 38도를 넘거나 전염성이 있는 병에 걸렸을 때만 결석합니다. 엄마 아빠가 출근했는데도 웅이는 어린이집에 가지 않아도 된다고 생각하게 되면 웅이랑 아침에 실랑이하는 일이 잦아질 것 같아서요.

(괜찮다고 하시지만) 이모님도 걸립니다. 오전 9시에서 오후 4시까

지 웅이의 보육 담당은 어린이집, 오후 4시부터 7시까지는 시터 이모님입니다. 이모님은 결이 전담이지요. 웅이가 어린이집에 가지 않으면 이모님이 아이 둘을 하루 종일 돌봐주셔야 합니다.

컨디션이 좋은 아이 둘을 하루 종일 돌봐도 저녁이면 녹초가 되는데, 컨디션이 좋지 않은 아이는 짜증을 자주 냅니다. 떼도 잘 씁니다. 몸이 좋지 않아서 그러는 것이니 혼내지도 못합니다. 엄마인 저도 아이가 아파서 떼를 쓸 때는 '참을 인' 자를 여러 번 그립니다. 아픈 웅이가 어린이집에 가지 않으면 오후 4시부터 7시까지, 3시간만 아이 둘을 돌보기로 되어 있는 이모님껜 쉽지 않은 초과근무가 됩니다. 눈치가 보입니다.

웅이도 "오늘은 누가 빨리 올까" 하며 친구들과 노는 데 재미를 붙였고, 전문 교육을 받은 선생님까지 계시니 집보다 어린이집이 더 재미있을 겁니다.

그래서 그동안 웅이를 웬만하면 어린이집에 보냈습니다. 그런데 의사 선생님께서 "조금 쉬면 금방 좋아질 텐데"라고 하시니 잘못 생각했구나 싶습니다. 무엇보다 좋은 약은 휴식과 잠, 충분한 영양 섭취인데, 컨디션이 좋지 않은 웅이는 어린이집에 가서 실내놀이터에서 놀고 특별활동을 하고 산책을 했을 겁니다. 회복이 더딘 이유입니다.

아이가 아픈 게 워킹맘인 내 탓은 아니어도, 아이가 '오래' 아픈 건 워킹맘인 내 탓이 맞습니다. 제가 잘못 생각했습니다. 어린이집에 보낼 게 아니라 제가 휴가를 내든가, 이모님께 부탁하든가, 이모님을 도와 웅이를 돌봐줄 누군가에게 도움을 청했어야 합니다. 웅이가 오래 아프면 웅이도 힘들고, 결이가 옮을 확률도 높아집니다. 결이가 옮으면 다시 웅이가 아플 수 있습니다. 악순환입니다.

내일은 웅이를 어린이집에 보내지 않으렵니다. 웅이 컨디션부터 챙겨야겠습니다. 친정엄마에게 전화를 합니다. "엄마, 미안한데 웅이가 열이 조금 나서 어린이집 보내지 않으려고 하는데 와서 아이들 좀 봐줄 수 있어요?" "미안하긴 뭐가 미안해. 당연히 가야지. 걱정 마. 엄마가 갈게."

잠든 웅이에게 사과를 합니다. '웅아, 엄마가 생각이 짧았어. 네가 아플 땐 네 회복을 가장 먼저 생각했어야 하는데, 엉뚱한 눈치만 봤네. 미안해. 이제 또 하나 깨달았으니 조금 더 나은 엄마가 될게. 우리 같이 커나가자.'

아이가 아플 때의 마음가짐

'좌웅우결'. 왼쪽에 웅이, 오른쪽에 결이를 끼고 잡니다. 잘 때는 '내 천(川)' 자로 예쁘게 자는데 일어날 땐 '우물 정(井)'이나 불교의 '만(卍)' 자를 그리고 있죠. 알람이 울리면 고개만 들어 아이들의 '위치'를 확인합니다. 내 배 위에 웅이 머리, 내 다리 위에 결이 팔이 올라와 있습니다. 아이들이 깨지 않게 일어나야 하는데 오늘은 좀 난감한 위치입니다. "애들 좀 치워줘." 남편에게 조용히 SOS를 합니다.

아이들 사이에 웅크리고 자다 보면 아, 나도 사지 쭉 뻗고 잘 때가 있었는데 싶어집니다. 20kg이 넘는 웅이가 자다가 휘두른 다리에 얼굴을 맞을 때, 자다가 시큼한 냄새에 깼더니 눈앞에 결이 엉덩이가 있을 때, 잠자리 독립이 하고 싶습니다.

그럼에도 불구하고 아이들을 끼고 자는 건, 밤사이 아이들이 아플까 봐 걱정되기 때문입니다. 잠들 때만 해도 멀쩡했는데 갑자기 열이 오르곤 합니다. "엄마, 나 아파" 하고 이야기라도 해주면 걱정을 덜 텐데 웅이 결이는 열이 올라도 쿨쿨 잘만 잡니다. 왜 이렇게 덥지, 난로가 옆에 있는 것 같다 싶어 일어나면 십중팔구 웅이 혹은 결이, 가끔은 둘 다! 펄펄 끓고 있습니다.

얼마 전에도 그랬습니다. 뭔가 뜨끈하다는 느낌. 결이가 열이 납니다. 이마에 물수건을 갈아주며 밤을 보냈습니다. 다음 날 출근길 엘리베이터에서 동료와 마주쳤습니다.

"얼굴이 푸석푸석해. 잠 못 잤어?" "결이가 열나서." "넌 애 아플 때 속 안 타? 아무렇지도 않게 이야기하네." "한두 번 아파야지. 이것도 경험이라고 단련되나 봐."

속이 안 타긴요. 바짝바짝 타지요. 아무렇지 않냐고요. 아무렇지 않은 척하고 있는 것뿐입니다.

아이를 둘 키우다 보니 딱 보면 어디에 탈이 났는지 짐작이 됩니다. 병원에 가면 이 약을 주겠구나 예상하면 95% 적중합니다. 하지만 아이가 아플 때 마음이 아픈 건 웅이가 신생아 때나 엄마 5년 차인 지금이나 같습니다. 몸은 출근했지만 마음은 아이 곁에 있습니다. 지금은 괜찮나, 열이 다시 오르진 않나, 궁금하고 아른거립니다. 상태를 알면 마음이 놓입니다. 출근하기 전에 시터 이모님께 "결이가 열이 38도를 넘거나, 해열제를 먹여도 떨어지지 않으면 연락 주세요." 신신당부했습니다. 연락이 없으면 그 정도는 아니라는 것이니 일단 일에 집중하자, 스스로를 달랩니다.

그렇다고 단련됐다는 말이 빈말은 아닙니다.

결이는 선천성 질환이 있었습니다. 결이가 태어나고 2주가 지났을 때, 병원에서 전화가 왔습니다. 신생아 선천성 대사이상 검사 결과가 나왔답니다. 그런 게 있었나? 기억을 더듬어봅니다. 아, 진통하면서 이것저것 서명을 했는데 그 중 하나였던 것 같습니다. 검사 항목 중 갑상선 호르몬 수치가 정상 범위 밖에 있으니 재검사를 받으라고 했습니다. 바로 인터넷을 찾아봤습니다. 여자아이의 경우 드문 일은 아니다, 재검사를 받으면 정상일 때가 많다는 글에 안심했습니다. 병원에선 빨리 내원하라고 했지만 그 즈음이 추석 연휴였습니다. 명절 지나고 가겠다고 했습니다.

재검사를 받았고, 갑상선 호르몬 수치는 이번에도 정상 범위 밖이었습니다. 선천성 갑상선 기능저하증. 확진을 받았습니다. 질환에 대해 설명하기 전에 의사 선생님은 제 눈을 똑바로 쳐다보면서 천천히 말씀하셨습니다.

"엄마 잘못 아닙니다. '선천성'이라는 단어가 붙지만 태어날 때부터 있었던 질환이라는 뜻이지 엄마가 임신할 때 무얼 잘못해서, 임신 기간에 음식을 잘못 먹어서, 그런 거 절대 아니에요. 엄마 탓 아닙니다."

그리고 제가 할 일을 여러 번 반복해서 말씀하셨습니다. 갑상선 질환은 호르몬제로 체내 호르몬 수치만 맞춰주면 된다. 이 약은 부작용도 없고 심지어 약값도 싸다. 잘 먹기만 하면 아무 문제 없다. 다만 아기가 혼자 약을 먹을 수 없으니 엄마가 잘 챙겨야 한다. 공복, 매일매일 같은 시간, 기왕이면 오전, 아침을 먹기 전, 정해진 용량을 먹여야 한다. 신생아들은 게워내기도 하는데 그러면 다시 먹여야 하니 약을 먹인 뒤에는 토하지 않도록 안고 있는 게 좋다.

짧게는 2주마다 피검사를 하고 약 용량을 조절했습니다. 보통 체중이 늘면 약 용량도 늘리는데 결이는 고맙게도 매번 같은 용량을 처방받았습니다. 체중이 계속 늘고 있으니 상대적으로 약이 줄고 있다는 뜻입니다. 의사 선생님은 "흔치 않은 경우예요. 갑상선이 조금씩 더 제 기능을 해주고 있나 봅니다. 좋은 조짐이에요." 기뻐하시며 "엄마가 약을 아주 잘 챙기고 있나 보네요. 엄마 덕분에 결이가 아주 잘 자라고 있습니다." 칭찬도 잊지 않으셨습니다.

그땐 그 말이 들리지 않았습니다. 그저 결이 약 용량이 이번에도 같다는 게 좋았습니다. 기특했습니다. 진료실을 나서면 결이를 꼭 안고 '잘했다' 칭찬 먼저 하고, 남편과 양가 부모님께 알렸습니다. 모두들 "수고했다. 네가 고생이다." 하셨습니다. "피는 결이가 뽑았는데 제가 무슨 고생이에요." 했지만 병원에 다녀오면 몸살이 나곤 했습니다.

결이는 돌을 전후해서 완치 판정을 받았습니다. "내일부턴 약 안 먹입니다. 시원하죠?" 의사 선생님의 말씀에 안도의 숨을 길게 내쉬었습니다. "이젠 약 먹이는 게 습관이에요. 잊어버리고 내일 또 먹일지도 몰라요." 이 순간만 기다렸는데, 무척 시원할 거라고 생각했는데 다음 날 아침, 그냥 잊었습니다. '아, 약 안 먹여도 되지. 좋다.'가 아니라 '내가 언제 약을 먹였더라. 결이가 약을 먹긴 했었나.' 가물가물했습니다.

사실 의사 선생님 말씀처럼 약만 잘 먹이면 된다, 별거 아니다 생각하려 애썼지만 결이가 아프다는 건 주변에 알리지 않고 꽁꽁 숨겼습니다. 엄마 탓 아니라고 하지만 '내 속에서 나왔는데, 내 잘못이 아니면 누구 잘못인데' 싶었거든요. 내 잘못으로 내 아이가 아픈 걸 알리고 싶지 않았습니다. 그런데 완치 판정을 받고 한참 지난 어느 날 한번은 털어놓고 싶다는 생각이 들었습니다. 이럴 땐 이상하게 나를 잘 모르는 사람에게 이야기하고 싶습니다. 지역 커뮤니티에 글을 올렸습니다. 댓글로 많은 위로와 축하, 격려가 달렸습니다. 그 안에는 같은 메시지가 있었습니다.

"아이는 아이라서 아픈 거다. 엄마 탓 아니다. 엄마가 잘 돌봐서, 제때 약 잘 먹여서 낫는 것이다. 엄마 때문에 아픈 게 아니라 엄마 덕분에 낫는 것이다."

그제야 왜 의사 선생님이 다짜고짜 "엄마 탓 아닙니다"라고 하셨는지, 검사를 받은 날 양가 부모님이 "수고했다. 고생했다."라고 하셨는지 이해가 됐습니다. 내 안의 죄책감을 조금은 내려놓을 수 있었습니다.

그때부터는 아이가 아플 때 조금 다르게 생각합니다. '왜 아프지, 내가 뭘 잘못했나' 하는 죄책감은 어쩔 수 없는 감정으로 받아들입니다. 내가 이 아이의 엄마이고 주양육자이니까요. 아이를 돌보는 가장 큰 책임이 저에게 있으니까요. 하지만 엄마라고 완벽할 수 없다는 것도 인정합니다. 아무리 신경을 써도 아이는 아플 수 있습니다. (그리고 사실 육아휴직 중에도 웅이 결이는 자주 아팠습니다. 제가 일한다고 더 아픈 것도 아닙니다.) '내가 뭘 잘못했나' 하는 죄책감을 '내가 어떻게 하면 아이들이 빨리 나을까' 하는 책임감으로 바꾸려고 애씁니다. '어린이집 보낼 때 목수건이라도 감아줄걸' 후회되면 '이제부턴 목수건 해주자' 다짐합니다.

'아이라서 아프다. 자라면서 나아진다.'는 말은 위로가 아닌 사실입니다. 아이들은 성인에 비해 면역력이 떨어집니다. 면역체계는 자라면서 점점 형성되어 6살을 전후로 완성된다고 합니다. 2014년 건강보험연보에 따르면 연간 1인당 내원 횟수는 평균 19.7회입니다. 만 1~4세의 경우 33.2회로 60~64세 노인과 비슷합니다. 만 5~9세는 평균치와 비슷하게 내려옵니다. 웅이 걸이는 아이라서 자주 아픈 것이 맞습니다.

웅이가 아팠던 날, 퇴근하고 집에 들어서자마자 "아파서 힘들었지?" 웅이를 안았습니다. 평소에는 "응. 힘들었어." 눈물을 글썽이던 녀석이 이번엔 씩씩합니다. "괜찮아. 나 크려고 아픈 거야. 내 몸은 지금 병균하고 열심히 싸우고 있어." 이럴 때 보면 아이들이 저보다 어른입니다.

회사에선
눈치 보이고

가방 없이 퇴근하기

"저녁 먹으러 가?" "아뇨. 퇴근해요." "가방은?" 없습니다. 손에 쥔 건 달랑 휴대전화 하나. 고개를 갸우뚱하는 선배를 뒤로하고 지하철역으로 향합니다.

처음엔 실수였습니다. 아침 출근길에 웅이 가방, 낮잠이불 가방, 실내화 주머니, 특별활동 가방을 메고 들고 나오다가 제 가방은 잊었습니다. 어린이집에 도착해 웅이 짐을 다 넘기고 나서야 아차 싶었습니다. 가방을 가지러 집에 들르면 지각이 뻔합니다. 주머니엔 휴대전화가 있었고, 휴대전화 케이스엔 비상용 카드 한 장과 약간의 현금이 있습니다. 일단 신용카드가 있으니 지하철은 탈 수 있다, 출근부터 하자.

팬찮을까 불안했지만 의외로 불편한 건 없었습니다. 평소에도 회사에서 화장을 고치는 일이 별로 없고, 그날은 외부 미팅도 없었습니다. 신용카드로 지하철을 탔고, 점심값을 계산했습니다. 퇴근길에 빵집과 세탁소를 들러서도 문제없습니다.

오히려 편했습니다. 특히 퇴근할 때요. 오후 6시 30분. 공식 퇴근 시간입니다. 하지만 자리에서 일어나는 사람은 없습니다. 우리 팀에 애 둘 엄마는 제가 유일합니다. 칼퇴근하는 사람도 제가 유일하지요. 공식 퇴근 시간이지만 눈치가 보입니다. 소리가 나지 않게 의자를 밀고 조용히 인사를 합니다. "먼저 들어가겠습니다."

가방이 없으니 부스럭부스럭 짐을 챙길 필요 없습니다. 휴대전화만 들고 나오면 됩니다. 가방이 없으니 엘리베이터에서 만난 선후배들에게 "이야, 칼퇴근~ 회사 다닐 만하네." 괜한 눈총을 받지 않아도 됩니다. 아무리 작은 가방이어도 무게가 있었는데 두 손이 자유로우니 발걸음도 가볍습니다.

출근길도 수월합니다. 집을 나설 때면 웅이 어린이집 가방에 특별활동 가방, 월요일은 낮잠이불 가방에 실내화 주머니까지 들어야 합니다. 손은 두 개지만 한 손은 웅이 손을 잡고 걸어야 하니 모든 짐은 어깨에 걸치거나 다른 한 손에 들어야 합니다. 제 가방이 없으니 훨씬 편했습니다.

생각해봤습니다. 가방을 꼭 들고 다녀야 하나?

가방에는 지갑 립스틱 볼펜 물티슈가 있습니다. (가끔 웅이가 깜짝 선물로 장난감을 넣어두긴 합니다. 얼마 전엔 장난감 칼을 넣어주며 "엄마 괴롭히는 사람 있으면 이 칼로 무찔러!" 했습니다.) 카드와 현금은 휴대전화에 넣고 다니니 지갑 열 일이 없습니다. 립스틱은 미팅이 있을 때 필요하니 회사에 두고 다니면 됩니다. 볼펜? 메모는 휴대전화에 합니다. 회사에선 아이들과 떨어져 있으니 물티슈도 없어도 됩니다. 휴대전화는 대부분 손에 쥐고 나닙니다. 가방, 꼭 필요한 건 아니네요. 그날부터 쭉 가방 없이 다닙니다.

겨울이지만 제 옷차림은 아직 늦가을입니다. 제가 우리 팀 '회의 알람'이거든요. 우리 팀은 출근 시간 직후에 회의로 하루를 시작합니다. 제가 사무실에 들어서면 팀원들은 회의 시간이구나, 테이블로 모입니다. 여유 있게 출근하고 싶지만 웅이는 지금도 어린이집에 1등으로 등원합니다. 친구들 기다리며 혼자 노는 시간은 되도록 적게 하고 싶습니다. 제가 더 일찍 출발하려면 시터 이모님도 일찍 오셔야 하는데 이모님도 가족들을 챙기고 출근하셔야 합니다.

두꺼운 외투까지 입고 출근하면 옷을 벗는 데도 시간이 걸립니다. 그래서 웬만하면 두꺼운 옷을 피합니다. 가능한 한 얇은 외투, 가디건을 걸칩니다. 주변에선 "넌 추위도 안 타나" 묻지만 그렇게라도 해야 칼출근 칼퇴근하는 눈치가 덜 보입니다.

얇은 옷차림에 빈손 퇴근길, '워킹맘 동지'를 만났습니다. "야근이야?" "아니, 퇴근." 설명하지 않습니다. 어깨만 한 번 으쓱할 뿐인데 알아챕니다. "우리의 퇴근은 퇴근이 아니라 탈출이지. 탈출할 때 제1원칙은 몸만 빠져나오기야. 잘하고 있어!"

사장님,
제가 일을 잘할 예정입니다

"있잖아, 내가 오늘 있잖아(쩝쩝), 점심시간에 예전에 우리 회사에 다니다가(아그작아그작) 그만두고 이직한 선배를 만났는데(냠냠), 그 회사는 아침에 샌드위치를 준다는 거 있지?(아그작아그작) 그 회사로 옮기고 3kg이나 쪘대(냠냠)". "당신 오늘 무슨 일 있었어?" "아니 별로. 왜?" "과자 한 봉지 다 먹고 있잖아."

사실 두 봉지째입니다. 퇴근길에 편의점에 들러서 봉지 과자를 샀습니다. 봉지를 확 뜯어서 아그작거리면서 먹기, 스트레스를 푸는 방법입니다. 집에 와서는 입맛이 없으니 저녁을 건너뛰고 아이들이 잠들자 또 봉지 과자를 뜯었습니다. 오늘 스트레스는 과자 두 봉지는 먹어줘야 풀릴 것 같습니다. 회사에서 무슨 일, 있었습니다.

얼마 전, 다른 팀에서 협업 제안을 받았습니다. 데이터 분석이 제 업무(중 하나)이지만 아직 다뤄본 적 없는 기법을 써야 합니다. 자주 활용하지는 않지만 필요할 때가 있으니 익혀놔야겠다 마음은 먹고 있었습니다. 실제 데이터가 있고, 마감 시한이 있으면 공부에 가속도가 붙겠다 싶어서 해보겠다고, 시간을 달라고 했습니다. 책도 사고 선행 분석들도 훑어보고 열심히 공부했습니다.

생각보다 어렵습니다. 책도 한 권 더 사고 아이들이 잠들면 거실에 나가 공부를 합니다. 주말에도 낮에는 육아, 밤에는 공부로 바빴습니다. 그런데 공부를 하면 할수록 한계가 느껴집니다. 이 속도면 마감까지 원하는 수준의 분석을 하지 못합니다.

그리고 어젯밤, 해보겠다고 우기는 건 과욕이라는 결론을 내렸습니다. 며칠 밤 새우면 가능하지 않을까 싶지만 지난 2주간 충분히 잠 줄여가며 공부했습니다. 더는 무리입니다.

여기서 손을 터는 게 현명하다는 결론입니다. 내일 출근하면 무리일 것 같다고 이야기해야겠다고 마음먹었습니다. 출근해서 사내메신저를 켭니다. 담당자와의 대화창을 열고 "○○씨, 아무래도…." 으윽, 입이 떨어지지 않습니다. 자존심 상합니다. "애엄마한텐 일 맡기는 게 아니야." 뒷말이 들리는 것 같습니다. 저 스스로도 '내가 애만 없었어도' 하고 생각하기도 했습니다.

하지만 한계를 넘어서는 일을 잡고 있는 건 몸과 마음이 두루 망

가지는 지름길입니다. 직원이 망가지면 회사에도 도움이 되지 않을 겁니다. 회사와 가정을 위해서라도 망가지지 않아야 합니다.

당분간입니다. 아이들은 시간이 지나면 7살, 5살이 될 겁니다. 또 시간이 지나면 10살, 8살이 되고 저는 10살, 8살 아이의 엄마가 될 겁니다. 그쯤 되면 아이들에게 엄마 에너지는 덜 필요할 테고, 그럼 저는 에너지를 직장으로 조금 더 옮길 수 있습니다.

2014년 미국에선 경제학자 1만 명을 대상으로 결혼 유무, 자녀 유무가 업무 생산성에 미치는 영향을 조사했습니다. 성별, 결혼 유무, 자녀의 수에 따라 논문 발표 건수가 달라지는지를 알아본 것입니다. 연구 결과에 따르면 기혼 남성과 미혼 남성은 업무 생산성의 차이가 없었습니다. 자녀가 없는 남성, 자녀가 1명 혹은 2명, 3명이어도 마찬가지였습니다.

반면 여성은 차이가 있었습니다. 아이가 있는 여성은 아이가 없는 여성에 비해 생산성이 평균 15~17% 정도 떨어졌습니다. 자녀가 몇 명인지에 따라 차이는 더 벌어졌는데요, 아이가 한 명인 여성은 아이가 없는 여성에 비해 생산성이 9.5% 떨어져 유의미한 차이는 없었습니다. 거기에 둘째가 있으면 12.5%, 셋째가 있으면 11% 더 떨어졌습니다. 아이가 둘인 경우 첫째 아이에게서 받는 영향 9.5%에 둘째 12.5%를 합쳐 생산성이 22% 떨어진다는 말입니다. 아이가 셋인 경우는 33%가 떨어집니다.

단, 영구적인 것은 아닙니다. 아이가 10대에 들어서면 엄마의 업무 생산성은 회복됩니다. 오히려 '엄마 보너스' 효과가 나타나기 시작해 업무 생산성이 10% 정도 높아집니다. 장기적으로 보면 아이가 어린 시기에 줄어든 업무 성과를 충분히 상쇄하고도 남았습니다. 또 여성은 임신했을 때 임신 전보다 더 높은 생산성을 보였습니다. 출산으로 인한 업무 공백을 미리 메꾸려고 애쓰기 때문이지요.

그래서 '이번 분석은 무리일 것 같다'고 백기를 든 걸 잘했다고 위안합니다. 지금 저는 직장인인 동시에 어린아이의 엄마이고, 두 역할 사이의 균형을 맞추는 것도 저의 주요한 업무이니까요. 회사에 민폐는 아닐까, 눈치는 그만 보고 (그러려고 노력하고) 살짝 뻔뻔해져 볼까 합니다.

"사장님, 제가 앞으로 일을 잘할 예정이거든요. 그러니까 일 잘할 예정인 저를 놓치지 않으려면 지금은 조금 봐주십시오."(라고 속으로만 외쳤습니다.)

엄마도 때론 아이가 고프다

"웅이 결이 둘 다 잠들었어?" "응. 결이 먼저 재우고 웅이 재웠어. 결이는 엄마 많이 찾지 않았는데 웅이는 엄마 언제 오냐고 울면서 버티다 잠들었어."

이번 주는 내내 야근입니다. 밤 회의, 야근, 당번. 아이들 얼굴 볼 시간이 거의 없습니다. 회사에 일이 많아도 일을 싸 들고 퇴근할지언정 칼퇴근을 고집하는데 이번 주는 회의에 당번, 자리를 지키면서 해야 할 일들이 많습니다. 어쩔 수 없이 아이들은 낮에도 밤에도 엄마 볼 틈이 없었습니다.

『하루 3시간 엄마 냄새』 책에 따르면 '엄마 에너지'를 가득 충전해 둔 아이들도 3일간 쭉 엄마가 자리를 비우면 '엄마 방전'이 된다고 했습니다. 그렇다면 엄마가 3일 연속 야근했으니 두 아이는 방전 상태일 겁니다.

어제 새벽, 엄마를 찾으며 울다 잠들었다는 웅이는 잠꼬대를 했습니다. "엄마 보고 싶다." 아침에 눈 뜨자마자 묻습니다. "엄마, 오늘도 회사에 가? 일은 쪼끔이야?" 결이는 제 옷자락을 잡고 아랫입술을 계속 빨고 있습니다. 뭔가 불안하다는 표현입니다.

엄마인 저도 마찬가지입니다. 아이들에게 엄마랑 살 비비며 사랑을 느껴야 충전되는 '엄마 에너지'가 있다면 엄마에게도 아이들을 품고 아이들 냄새를 맡아야 충전되는 '자식 에너지'가 있습니다. 회사에서는 되도록 아이들을 잊고 업무에 집중하려고 합니다. 아이 사진이 보이면 더 생각날 것 같아서 책상 위에 액자도 두지 않았습니다. 그런데 오늘은 사진이 없어도 계속 아이들 얼굴이 동동 떠다닙니다. 일이 손에 잡히지 않습니다.

점심시간에 회사 밖으로 나가니 근처 직장어린이집 아이들이 산책을 하고 있더군요. 나도 모르게 걸음을 멈추고 바라봤습니다. '웅이는 뭐 하고 있을까.'

바쁜 엄마를 대신해 이모가 구원병으로 나섰습니다. 언니가 조카들을 데리고 우리 집에 왔다네요. 고맙게도 아이들이 깔깔 웃으며 노는 동영상을 찍어 보내줍니다.

동영상 한 번 보고 일하고, 일하다 또 생각이 나서 다시 보고. 동영상 속으로 들어가 웅이 결이를 꽉 안아주고 싶습니다. 곰 같은 내 속에서 나왔는데 어쩜 저렇게 여우 같은지요. 애교 가득한 웃음소리가 귀에 쟁쟁해 아예 이어폰을 꽂고 동영상 소리만 들으며 일을 했습니다.

오후 9시. 더는 못 참겠습니다. 아이들이 마음에 걸립니다. 엉덩이가 들썩입니다. 오늘은 웅이 결이가 잠들기 전에 집에 가야겠습니다. 자는 아이 얼굴에 뽀뽀하고 품는 것만으로는 방전된 '자식 에너지'가 충전될 것 같지 않습니다.

현관문 비밀번호를 누르는데 아이들이 "엄마다!" 소리치며 다다다 뛰어옵니다. "우리 웅이 결이, 보고 싶었어!" 아이들을 품에 꼭 안았습니다. 휴, 이제야 속이 뚫립니다.

3일 만에 만난 엄마이니 쟁탈전이 이어집니다. 웅이가 책을 읽어달라며 책을 가지고 오니 결이도 책을 가져옵니다. 서로 자기 책을 더 많이 읽어달라고 산더미처럼 책을 쌓았습니다.

취침 시간은 이미 넘겼습니다. 하지만 3일 만에 겨우 만났는데 '잘 시간'을 강요할 낯이 없습니다. 아이들이 잠들면 저도 서운할 것 같습니다. 평소보다 30분 늦게 아이들을 눕혔습니다. 오른팔에 결이, 왼팔에 웅이가 누워 꼼지락거립니다. 토닥토닥, 자장가를 불러주는데 웅이가 「섬집 아기」를 불러달라고 합니다. 가사 때문에 불러주고 싶지 않은 노래인데, 하필 그 노래네요.

"엄마가 섬그늘에 굴 따러 가면 / 아기가 혼자 남아 집을 보다가 / 바다가 불러주는 자장 노래에 / 팔 베고 스르르르 잠이 듭니다."

아이가 혼자 남아서 집을 보는 것도 마음 아프고, 바다가 불러주는 자장 노래에 혼자 팔 베고 잠드는 건 더 마음 아픕니다. 그래서 아이들에게 잘 불러주지 않게 됩니다. 언젠가 웅이 낮잠을 재우며 이 노래를 불러주다가 남편과 "동요인데, 이렇게 끝날 리가 없어." 하며 인터넷을 뒤졌습니다. 내가 아는 건 1절일 뿐, 2절도 있었습니다.

"아기는 잠을 곤히 자고 있지만 / 갈매기 울음소리 맘이 설레어 / 다 못 찬 굴바구니 머리에 이고 / 엄마는 모랫길을 달려옵니다."

엄마가 아이를 혼자 두고 마음 편히 일할 리가 없지요. 다 못 찬 굴바구니 머리에 이고 모랫길을 달려오는 엄마를 상상하며 남편과 "그나마 마음이 놓이네." 했습니다. 그땐 엄마가 집에 왔으니 다행이다

아직 '자식 에너지'가

덜 충전됐습니다.

오늘은 그냥 이대로

아이들을 양팔에 끼고

쭉 잘까 합니다.

하는 생각만 했는데 오늘은 모랫길을 달려온 엄마 마음이 더 먼저 그려집니다.

웅이 결이는 이미 잠들었는데 아이들 곁을 떠나기 싫습니다. 아직 '자식 에너지'가 덜 충전됐습니다. 오늘은 그냥 이대로 아이들을 양팔에 끼고 쭉 잘까 합니다.

무슨
부귀영화를
누리겠다고

엄마 아빠는 월요병,
아이는 화요병

"웅이 엄마, 웅이가 열이 조금 나는 것 같아요. 콧물도 조금씩 나고요."

시터 이모님의 문자입니다. 감기에 걸린 걸까요. 웅이가 아침에 살짝 피곤해 보이긴 했지만 컨디션이 나빠 보이진 않았습니다. 어제까지만 해도 잘 놀고 잘 먹고 잘 뛰어다녔습니다. 웅이는 한 번 열이 나면 낮에는 미열이어도 밤에는 39도를 왔다갔다 하는데….

일단 집에 해열제가 충분히 있는지 확인합니다. 퇴근하면 병원부터 가야겠습니다. 아이가 아프니 마음이 분주합니다. 옆자리 선배가 눈치를 채고는 "웅이 어디 아파?" 묻습니다.

"아침까진 괜찮았는데…. 열이 난대요. 주말에도 잘 놀고 어제도 좀 피곤해 보이기는 했지만 잘 놀았는데 왜 그런지 모르겠어요."

선배 워킹맘이 주말에 뭐 했냐고 묻습니다. 토요일에는 결이 병원에 갔다가 날이 많이 춥지 않기에 공원에 가서 텐트 치고 놀았습니다. 웅이가 예전부터 노래를 불렀거든요. 일요일에는 교회에 갔다가 마트에 가서 장을 보고 잠깐 놀이터에 갔었습니다. 선배가 혀를 찹니다.

"그러니 그렇지. 엄마가 직장 다닌다고 주말에 몰아서 놀아주면 애들은 꼭 화요일에 병난다."

아이를 시부모님께 맡기고 주말마다 시댁으로 아이를 보러 가는 또 다른 선배도 비슷한 이야기를 합니다.

"우리 시부모님은 손주만 3명째 키우고 계시는데, 우리 아이 맡아주실 때 딱 한 가지 신신당부하신 게 있어. 주말에 아이 데려갈 생각 하지 말고 시댁에 와서 지내라고 하셨어. 주말에 엄마 아빠가 아이 데리고 여기저기 다니면 애는 주 초반에 탈이 난대. 그러면 시부모님이 주중 내내 간호해서 겨우 낫게 하면 주말에 또 데려가고, 또 병이 나서 오고, 악순환이었다고 말이야."

맞습니다. 주말에 노느라 낮잠도 식사도 부실했습니다. 평일에는 웅이는 어린이집에서 규칙적으로, 결이는 이모님과 맞춘 스케줄대로 움직이는데 주말은 패턴이 없습니다. 낮잠은 이동하는 차 안에서 잠깐, 밥은 하루에 한두 끼는 외식입니다. 신나서 잠을 자지 않겠다고 떼를 쓰고 밥도 대충 먹고 놀겠다고 일어서면 '그래 그래' 다 받아줬습니다. 선배 말대로 주중에 놀아주지 못한 미안함 때문에 주말에 몰아서 논 겁니다.

그러다 보니 남편도 저도 아이들과 함께할 수 있는 주말을 기다리지만, 동시에 주말이 두렵기도 합니다. 주말엔 더 피곤하니까요. 학창 시절 내내, 직장에 다니면서도 여전히 시달렸던 지독한 월요병까지 없어질 정도입니다. 은근슬쩍 월요일을 기다립니다. '월요일이 있잖아. 출근하면 몸은 쉴 수 있어. 주말엔 아이들에게 몸 바치자.'

달력을 봅니다. 웅이가 편도염에 걸린 날도 화요일, 결이가 열감기에 걸렸던 날도 화요일. 아이들이 아파 병원에 간 건 거의 화요일이었습니다. 주말에 바이러스에 노출되고, 2~3일 잠복기를 지나 화요일에 아픈 것, 맞네요. 이모님 말씀도 생각납니다. 결이가 유독 월요일은 낮잠을 많이 잔다고 하셨거든요. 주말에 쌓인 피로를 그렇게 푸는 것이었습니다.

아이들에게 장난감을 사줄 때, 아이들이 떼를 써도 혼내지 않고 다 받아줄 때, 항상 내가 직장을 다녀서 안쓰러운 마음에 좀 더 너그러운 건 아닌가 다시 생각해봅니다.

'엄마가 직장도 다니는데 장난감이라도 하나 더 있어야지' 하는 마음으로 집어들었던 장난감을 다시 내려놓습니다. 아이가 잘못하면 '하루에 얼마나 같이 있는다고 애를 울리기까지 하나' 싶기도 하지만 같이 있는 시간에라도 알려줄 건 알려주자고 마음을 바꿉니다.

주말에 '실컷' 놀아주자는 마음도 죄책감의 일부였습니다. 주말에 특별한 곳에 가야 아이가 신날 거라는 생각을 바꿔야겠습니다. "우리 오늘 어디 갈까?" 묻지 말고 "우리 오늘 뭐 할까?" 물어야겠습니다. "한 권만 더요. 딱 한 권만요." 시간에 쫓겨 읽고 싶은 만큼 읽지 못한 책이 있을지도 모릅니다. 집 앞 놀이터에서 발견한 개미집을 엄마 아빠에게 보여주고 싶을지도 모릅니다.

"요리 하지 말고 이리 와서 같이 놀아요.""화장실 가지 말고 이리 와서 같이 놀아요." 가만 생각해보니 웅이는 항상 '같이' 하자고 했습니다. 주말은 엄마 아빠와 '같이' 할 수 있으니 그것만으로도 충분히 신나는 날입니다.

문제는 죄책감이었다

어느덧 새벽 2시입니다. 회사에서 퇴근하면 집으로 출근, 아이들 저녁을 먹이고 놀다가 재우면 육아 퇴근, 아이들이 푹 잠들면 집안 정리하고 살림 퇴근, 노트북 켜고 재택 야근까지 마치면 진짜 퇴근.

침대에 누우면 대부분 이 시간입니다. 아이들의 쌔근쌔근 숨소리에 온몸이 노곤해집니다. 그리고 혼잣말이 나옵니다.

"무슨 부귀영화를 누리겠다고…." 말줄임표 안에 오만 가지 생각이 들어 있습니다. "내가 무슨 부귀영화를 누리겠다고 애들 울려가며 회사에 다니나.""내가 무슨 부귀영화를 누리겠다고 이 시간까지 집안일을 하고 있나."

부귀영화를 누리겠다고 애를 낳고 회사에 다니는 건 아니지만, 애를 낳고 회사에 다니다 보니 이렇게 힘들게 사는데 부귀영화라도 누려야 하는 거 아닌가 싶어집니다.

출근하면 '애들 울려가며 출근했으니 회사에서 뭐라도 해내야지' 하며 이를 악물고, 집에 오면 '내가 집안을 이 꼴로 만들면서까지 회사에 다니려고 한 게 아니야. 청소하자.' 또 이를 악뭅니다. 새벽에 일어나 새벽에 잠들 때까지 쉴 틈이 없습니다.

6년 차 워킹맘 선배가 충고합니다. "너 그러다 쓰러진다.""쓰러질 틈이 있나요. 그럴 틈이라도 있으면 좋겠네요." 헤헤 웃었는데 선배는 진지했습니다. "너 스스로를 너무 몰아친다고 생각하지 않아?"

얼마 전 배꼽친구도 같은 말을 했습니다. "일이 많은 건 알겠는데, 그 일을 다 하려고, 그것도 너무 잘하려고 하는 것 같아. 대체 왜 그렇게 일 욕심이 많아졌는데?" 물었습니다.

"너도 해봤잖아. 아침마다 우는 아이 떼어놓고, '엄마, 내일은 토요일이야?' 묻는 아이에게 아직 세 밤 더 자야 토요일이라고 답하고 출근하는데 회사에서 설렁설렁 일하면 아이들 볼 낯이 없어." "그래서, 네가 승진이라도 하면 아이들에게 덜 미안해? 나라를 구하면 안 미안할 것 같아? 뭘 한들 아이들 끼고 키우는 거랑 비교가 되겠니. 네 마음의 문제지."

맞습니다. 일과 육아를 다 해내겠다고 다짐했으면서, 뭐 하나 똑 부러지게 해내고 있지 못한 것 같습니다. 집에서도 직장에서도 고개를 들 수 없습니다. 죄책감에 나를 더 몰아칩니다. '세상엔 키가 큰 사람도 작은 사람도 있듯 전업맘도 워킹맘도 있다. 그러니 아이들에게 미안해하지 말자.'고 다짐했으면서도 '더 잘해야지. 그 정도 할 거면 애들 떼어놓고 왜 일을 하니.' 스스로를 다그칩니다. 나를 몰아친 건 아이들도 회사도 남편도 아닌 나 자신이었습니다. 친구의 말처럼 나라를 구한다 해도 아이들에게 덜 미안할 것 같지 않습니다. 욕심을 낼수록 조급해지고, 짜증만 늘어날 뿐입니다.

방법은 하나입니다. 마음의 부담을 덜어내기. 나 자신에게 관대해지기. 영국의 소아과 의사이자 정신분석가인 도널드 위니캇은 아이에게 필요한 엄마는 '완벽한 엄마'가 아니라 '충분히 좋은 엄마'(good-enough mother)라고 했습니다. 객관적인 잣대에서의 완벽함이 아니라 할 수 있는 만큼의 최선이 필요하다는 말입니다.

완벽하지는 않지만 나는 충분히 좋은 엄마입니다. 완벽하지는 않지만 나는 충분히 좋은 직장인입니다. 아이 떼어놓고 출근한 '이기적인 엄마'가 아니라 아이에게 더 행복한 모습을 많이 보여주려고 출근한 좋은 엄마입니다. 그러니 조금 더 나를 풀어줘도 괜찮을 것 같습니다.

여자? 엄마?
그냥 사람일 뿐입니다

부서가 바뀌었습니다. 신설된 부서라 모든 게 시작입니다. 일이 쏟아집니다. 부서장은 당분간 조기 출근에 야근은 필수라고 합니다.

부서 이동을 통보받은 날, 결이가 아프기 시작했습니다. 기관지염으로 시작해 폐렴과 중이염으로 이어졌습니다. 닷새간 열이 떨어지지 않았고 입맛이 없는지 아무것도 먹지 않았습니다. 시터 이모님이 주는 밥을 거부합니다. 그나마 엄마가 먹여줘야 한 수저라도 먹습니다. 열이 떨어지지 않으니 병원도 매일 갑니다.

웅이 어린이집 방학이었습니다. 미처 부서가 바뀔 줄 모르고 어린이집 방학에 맞춰 휴가를 낼 생각이었습니다. 방학 기간에도 통합보육을 하니 어린이집에 보낼 수는 있지만 대부분의 아이들이 등원하지 않는 걸 알기에 저도 휴가를 내고 아이와 있고 싶었습니다.

정말 힘든 한 주였습니다. 선후배 동료는 야근을 하는데 저는 눈 질끈 감고 칼퇴근을 했습니다. 일단 퇴근해서 결이를 병원에 데려갔다가 밥을 먹이고 재운 다음, 다시 일을 했습니다. 웅이는 친구들 없는 어린이집에 가기 싫어 삐죽거렸고 결이는 아파서 칭얼대고….

회사도 아이들도 양보하지 않는 시간이었습니다. 그렇게 일주일을 보내고 나니 몸에서 신호를 보냅니다. 열이 나고 입이 바짝바짝 마릅니다. 금요일 퇴근길에 병원에 들렀습니다.

"어디가 안 좋아요?" "…그냥 다요. 힘드네요."

의사 선생님의 물음에 '힘들다'는 이상한 답을 했습니다. 진단명은 과로로 인한 탈수. 휴식이 필요하다고 하십니다. 복직하고 가장 어려운 게 휴식인데 말입니다. 그리고 얼마 전 TV에서 방송한 다큐멘터리를 언급하십니다.

"「엄마의 전쟁」 봤어요? 워킹맘들 그야말로 전쟁하는데 딱 아연씨 상황이더라고요."

수액이라도 맞고 가라셨지만 둘째 밥을 먹여야 한다고 그냥 나왔습니다. 집에 와서 아이들 밥 먹이고 재우고 노트북을 켭니다. 눈을 떠보니 새벽 5시. 일을 하다 엎드려 잠들었나 봅니다. 잠은 오지 않고 일은 하기 싫고…. 의사 선생님 말씀이 생각나 프로그램을 찾아봤습니다.

쉽지 않은 상황에서도 회사를 놓지 않는 워킹맘들. 내가 선택한 길이기에 그들은 아무리 고단하고 마음이 쓰려도 겉으로는 웃습니다. 같은 워킹맘 입장에서 그 웃음이 서글픕니다.

프로그램 제작진은 워킹맘들에게 회사를 그만둘 생각을 해보진 않았느냐고 묻습니다. 같은 질문을 스스로에게 해봤습니다. 회사를 그만둬야 하나 매일 생각하지만, 회사를 그만두고 싶지는 않습니다. 힘들고 지치지만 나는 내 일이 좋습니다. 하지만 입 밖에 내기는 어렵습니다. 언젠가 외국의 기사에서 '워킹맘에게 가장 힘든 고백은 일이 좋아서 일을 한다는 것'이라고 읽었던 기억이 납니다. 우리나라나 외국이나 크게 다르진 않나 봅니다.

워킹맘으로 가장 힘든 것 중 하나는 응원해주는 사람이 없다는 겁니다. 아이들은 치맛자락을 잡고 출근하지 말라고 울기 일쑤고 남편은 밤에 잔업을 처리하고 있으면 "그렇게까지 하면서 회사를 다녀야겠냐" 하고 거듭 묻습니다. 아이가 아프면 양가 부모님들은 회사에 다니는 딸, 며느리 때문에 아이가 더 자주 아픈 건 아닌가 걱정하시고 사표를 내라고 하시지요. 심지어 아이를 어린이집에 데려다주는 길에서 만난 낯선 할머니도 "얼마 벌겠다고 저 어린 걸 남의 손에 맡기고…"라며 혀를 차십니다.

몸이 힘들고 마음이 힘들어 털어놓으면 다들 기다렸다는 듯이 힘들면 그만두라고, 누가 너한테 돈 벌어오라고 했느냐고 되묻습니다. 이런 상황에서 '나는 일하는 게 좋아요' 당당할 수 있는 워킹맘은 많지 않습니다. 프로그램에 출연한 워킹맘 또한 내 일이 좋다고, 내가 행복해야 아이도 행복하지 않겠느냐고 당당히 밝혔다가 인터넷에서 된서리를 맞았습니다. 나를 대신해 공격을 받은 것 같아 저도 눈물이 났습니다.

제작진은 하나를 더 묻습니다. "본인은 여자예요, 엄마예요?" 그 워킹맘은 "여자도, 엄마도 아닌 것 같아요" 하고 답합니다. 같은 질문을 나에게 합니다. 여자? 엄마? 그저 사람일 뿐입니다.

괜찮아,
충분히
잘하고 있어

슈퍼맘은 안 되겠다,
리얼맘을 결심하다

"여러분이 지금 누리는 온갖 선택권을 안겨주기 위해 우리 세대 여성들은 맹렬하게 투쟁했습니다. 하지만 이토록 많은 여성이 노동시장에서 떠나겠다고 결정하리라고는 결코 생각하지 못했습니다."

아이비리그 최초의 여성 총장 주디스 로딘의 말입니다. 질책이 느껴집니다. 우리가 그토록 노력했는데 왜 너희들은 더 발전하지 못하니! 왜 더 잘해내지 못하니! 왜 더 높은 곳에 오르겠다는 야망이 없니!

왜 우리처럼 슈퍼맘이 되지 못하는 거니! 나를 향한 화살 같습니다.

분명 나는 우리 엄마 세대와는 다른 삶을 살고 있습니다. 엄마의 가장 큰 콤플렉스는 학력입니다. "네 외할머니가 여자는 학교 다닐 필요 없다고, 바느질만 잘하면 된다 해서 그런 줄 알았지. 엄마 말 듣지 말걸 후회돼." 그래서 엄만 저에게 공부, 공부 하셨던 것 같습니다. "대학은 무조건 가야 해. 공부 더 하고 싶으면 말만 해. 석사 박사 뒷바라지 엄마가 다 할게."

대학에 들어갔고 일하고 싶은 기업에 원서를 냈고, 합격을 했습니다. (적어도 대놓고) 여자는 안 된다는 기업은 없었습니다. 적어도 취업할 때까진 성차별을 크게 느낀 적 없습니다. '아, 내가 여자구나. 여자는 여기까지구나.' 처음 느꼈던 건 뱃속에 아이가 들어섰을 때였습니다. 동기들은 한 걸음이라도 더 나아가려고 애쓰는 시기에 전 뱃속에서 무럭무럭 자라는 아이를 품고 뒤뚱뒤뚱 걸었습니다. 아이를 원망했다는 말은 아닙니다. 다만 아이와 함께 뒤뚱뒤뚱 천천히 가봐야겠다, 생각했습니다.

페이스북 최고운영책임자 셰릴 샌드버그는 저서 『린 인』(*Lean In*)에서 요즘 워킹맘들을 '실용적'이라고 표현합니다. "요즘 여성들은 남성과 동등한 기회를 손에 쥔 첫 번째 세대가 아니라 동등한 기회가 주어지더라도 직업에서 경력을 쌓는 것이 전부가 아님을 깨달은 첫 번째 세대"라는 겁니다. 일과 가정을 모두 잡으려고 애쓰다가 결국 항복하고 한쪽을 포기한 선배 워킹맘들을 보고 자란 우리는 일과 가정을 모두 잡으려면 둘 다 조금씩 내려놔야 한다는 걸 알고 있습니다. (아직 실천은 하지 못하고 있지만 적어도 이론적으로는 알고 있습니다.)

영화 「하이힐을 신고 달리는 여자」는 워킹맘의 삶을 다룹니다. 두 아이의 엄마이자 인정받는 펀드매니저가 주인공이지요. 원제목은 'I don't know how she does it(어떻게 그 많은 일들을 다 해내는지 몰라)'. 영화 소개 첫 줄은 '까지고 걸리고 넘어져도 포기할 수 없는 10cm 위 세상을 향한 워킹맘의 선력질주'입니다. 한마디로 '워킹맘의 고군분투기'입니다.

아이들을 재우고 침대에 누워 휴대전화로 영화를 봅니다. 주인공이자 워킹맘인 케이트가 퇴근해서 집에 왔는데 둘째의 앞머리가 짧아져 있습니다. 태어나서 한 번도 자른 적 없는데, 첫 이발은 내가 해주고 싶었는데, 나 없는 사이에 나한테 한마디 상의도 없이 내 아이의 앞머리를 베이비시터가 '친절하게도' 잘라버렸습니다. 앞머리가 눈을 찔러 잘랐다는 베이비시터에게 케이트는 "고마워요" 웃습니다. 하지만 겉으로만 웃고 있는 겁니다. 속으로는 불같이 화가 나지만 꾹 참고 있습니다. "나한테 물어봤어야죠!" 화를 냈다가는 내 아이에게 엉뚱한 화풀이를 할지도 모릅니다. 아이를 맡긴 나는 '을'입니다. 내 이야기 같은 주인공의 상황에 같이 눈물이 납니다.

영화를 보는 내내 주인공이 신고 있는 10cm 하이힐이 계속 신경 쓰였습니다. 워킹맘이 되니 저도 뛸 일이 많습니다. 출근할 땐 늦을까 봐, 퇴근할 땐 집에서 아이가 기다리니 서두릅니다. 아이는 툭하면 안아달라고 두 팔을 벌립니다. 아이를 안고 뛸 일도 적지 않습니다. 저러다가 발목이라도 꺾이면, 아이를 안고 넘어지면… 상상만으로도 아찔합니다. 낮은 굽이면 편할 텐데, 플랫슈즈를 신으면 위험하지 않을 텐데, 안타깝습니다.

한편으로는 하이힐이 엄마도 직장인도 다 잘해내겠다고 이 악물고 있는 의지 같습니다. 하이힐을 신고도 아이를 안고 뛸 수 있습니다. 발꿈치에서 피가 나도 굳은살이 박여도 버틸 만합니다. 하지만 관객의 입장에서 보니 위태로워 보입니다. 지금 주인공이 넘어져 다리가 부러진다고 해도 놀랍지 않습니다. 아이를 안고 뛰어도 위험하지 않게, 아이를 안고 그 길을 오래 걸을 수 있게 플랫슈즈를 신겨주고 싶습니다.

'슈퍼맘'에서 내려와 '리얼맘'이 되었으면 좋겠습니다. 2009년 미국 잡지 『애드버타이징 에이지』와 광고회사 JWT는 성인 미국 여성 870명을 조사한 결과 직장인과 엄마, 두 역할을 조화시키려는 집단을 발견하고 '리얼맘'이라고 이름을 붙입니다. 이전 세대 워킹맘들이 직장과 가정을 모두 완벽하게 해내려고 애쓰는 '슈퍼맘'이었다면

'리얼맘'은 현실적으로 수용할 수 있는 정도의 효율성을 추구합니다. 할 수 있는 한도 내에서 최선을 다하려고 합니다. '슈퍼맘' 안에는 엄마와 직장인만 있지만 '리얼맘' 안에는 엄마와 직장인, 그리고 그 두 상황에 놓인 여성인 내가 있습니다.

전업주부이던 엄마의 전폭적인 지지를 받고 자란 저는, 선배 워킹맘들이 유리천장을 잔뜩 깨고 닦아놓은 길에서 많은 선택지를 받았습니다. 덕분에 내가 사랑하는 가족을 돌보며 내가 좋아하는 일을 합니다. 일과 가정 사이의 균형을 넘어, 일과 가정 그리고 '나' 사이의 균형을 잡고 싶습니다. 때론 일이 나인 순간도 있고 가정이 나인 순간도 있습니다. 하지만 일과 가정을 뺀 내가 있고, 그런 나를 지켜야 한다는 걸 알고 있습니다.

그러니까 워킹맘 선배님들, 많은 선택지를 안겨주서서 진심으로 감사합니다만, 우린 여기서 멈춘 게 아닙니다. 오히려 한 발 더 나아가고 있습니다. 슈퍼우먼이 되려다가 피곤해하는 여자로만 남고 싶지 않습니다. (현경 미국 뉴욕 유니언신학대 종신교수는 "슈퍼우먼과 알파걸은 없다. 피곤해하는 여자만 있을 뿐"이라고 말한 적이 있습니다.) 하이힐을 신고 버티는 대신 플랫슈즈를 신고 웃으면서 즐겨볼 테니, 지켜봐주셨으면 합니다.

"웅이 결이 많이 컸네. 웅이는 살이 좀 빠진 것 같고 결이는 이제 제법 머리가 묶이는구나. 예쁘다."

시어머니께 아이들 사진을 전송했습니다. 생각해보니 아이들을 사진으로라도 보여드린 게 2주일 전입니다. "어머니 연락이 너무 뜸했죠? 죄송해요."로 시작한 문자에 어머니는 "무슨 일 없으니 연락 없었겠지. 잘 지냈으면 됐다." 하십니다.

칠순이 넘으신 시어머니는 작은 가게를 꾸리고 계십니다. 45년 차 현직 워킹맘이시죠. 며느리에게 시어머니 노릇 하기 싫다시며 너희는 너희대로, 우리는 우리대로 각자 열심히 살자고 말씀하시는 쿨한 시어머니십니다. 혹시 잔소리로 들릴까 조언도 잘 하지 않으시는 분인데 제가 복직하고는 가끔 조언을 주십니다. 항상 "내가 이런 말 해도 될지 모르겠지만"으로 시작하는 조언은 밥보다 든든합니다.

★ 주말은 너희끼리 보내라

"우리 결혼하면 한 달에 한 번씩은 친정 시댁에 가자. 자주 만나야 정도 들지." 결혼하기 전 남편과 약속했었습니다. 적어도 한 달에 한 번은 양가 부모님을 찾아뵙기로 했습니다. 그런데 어머님은 항상 같은 말씀이십니다.

"우리 보러 올 생각 말고 애들하고 놀러 다녀라."

네 식구의 단란한 시간을 빼앗지 않으시려는 배려입니다. 주말에 시댁 친정 나들이를 하면 아무래도 저나 남편이 웅이 결이에게 집중할 수 있는 시간이 줄어드니까요. 전문가들도 맞벌이 부부의 경우 주말 외부 일정을 최소화하라고 조언합니다. 포커스를 아이들, 우리 가정에 맞추라는 겁니다.

★ 맛있는 반찬 어디서 파는지만 알면 된다

결혼한 지 7년째인데 자신 있는 요리는 손에 꼽습니다. 요리를 즐기지 않는 탓, 요리할 시간이 없는 탓입니다. 시부모님은 우리 집에 오실 때면 항상 점심 때가 지나서 오셨다가 저녁 먹기 전에 일어나십니다. 간단하게라도 밥상 차릴 테니 드시고 가시라고 해도 "지금 가야 지하철에 사람이 없다"며 거절하십니다. 요리 못 하는 며느리 부담 주지 않으시려는 겁니다.

신혼 시절 시어머니는 "아침밥은 먹었니" 꼭 물으셨습니다. 그 말이 며느리인 저에겐 "우리 아들 아침밥 차려줘라"로 들렸습니다. 잘 챙겼습니다. 복직하기 전까지는요. 저도 아침밥을 챙겨 먹는 사람이라 숟가락 하나 더 놓는 것이 크게 어렵지 않았습니다. 그런데 아이가 둘, 워킹맘이 되니 아침 시간에 남편 식사까지 챙길 틈은 없습니다.

"아침에 웅이 아빠 밥을 해줘야 하는데, 쉽지 않네요." "애들 어리고 아침에 준비할 게 얼마나 많은데 쉽지 않지. 웅이 아빠 어른이다. 자기 배는 자기가 알아서 채울 수 있어. 배고파서 뭘 먹고 싶을 때, 먹을 게 있으면 된다. 그리고 해 먹으려고 애쓰지 마라. 맛있고 깔끔한 반찬 어디서 파는지만 알아도 된다. 애들이 좀 더 자라고 여유가 생기면 그때 해 먹고 살아도 늦지 않아."

시어머니 말씀을 들은 뒤로는 남편이 출근길에 간단하게 먹을 수 있는 빵이나 떡을 준비해둡니다.

★ 이 정도면 훌륭해. 더 하려고 하지 마라.

제가 복직하고 주말에 출근한다고 했을 때 남편은 '멘붕'이었습니다. 아이 둘을 혼자 돌본 적이 없었으니까요. 낮잠은커녕 끼니 밥을 먹일 자신도 없다고 했습니다. 그때 매주 도와주신 건 시어머니였습니다.

"웅이 엄마야, 이번 주말에 출근하지? 웅이 결이 아른거린다. 내가 가서 애들 밥 챙기마."

감사합니다. 그런데 시어머니는 시어머니인지라 엉망진창인 살림 실력이 들통날까 봐 마음 쓰입니다. 유통기한 지난 우유, 냉장고에서 시들어버린 시금치를 보실까 찔립니다. 퇴근하고 집에 들어서자마자 '셀프 디스'로 꼬리를 내립니다. "집이 난장판이죠? 치운다고 치우는 건데도 이렇네요."

"이 정도면 훌륭해. 더 하려고 하지 마라. 집안일이라는 게 원래 해도 티가 안 난다. 게다가 웅이 결이 어리고 넌 일도 하는걸. 집안일까지 다 하려고 들면 너만 병난다. 네가 병나면 집안이 무너진다."

"어머닌 일 그만두고 싶으신 적 없으셨어요?""왜 없겠니. 그런데 그만둬야 할 때는 따로 있는 것 같더라. 내가 일을 하고 싶어도 더 할 수 없는 상황이 올 수 있고. 아이들에게 문제가 생길 수도 있고 나한테 문제가 생길 수도 있는데 그럼 그만둬야지 어쩌겠니. 그때가 오기 전까지는 용돈벌이라도 되면 계속해보자, 그런 생각이었지. 그러다 보니 오늘까지 왔구나."

참 단단해 보였습니다. 웬만한 공격에는 쉽게 상처받지 않을 것 같은 강인함이 느껴졌습니다.

"그만두고 싶니?""가끔요. 아이들이 잘 자랄까 걱정되고 그러네요.""네 남편 봐라. 잘 자랐어."

'어머님 아들이니까 맘에 드시죠! 제 맘에 드는 남자는 아니에요.' 농담을 하려다 꾹 삼켰습니다. 내가 선택한 남자인데, 생각해보니 내 얼굴에 침 뱉는 꼴입니다. 그리고, 인정합니다. 평생을 워킹맘 자식으로 살아온 남편은, 몸도 마음도 건강하게 잘 자랐습니다.

시어머니는 칠순이 넘으셨지만 "여자도 자기 일이 있어야 한다"
고 하십니다. 어머니 말씀에 따르면 그만둬야 할 때가 아직 오지 않
았나 봅니다. 과연 그랬을까요. 아마 그만둬야 할 때는 여러 번 있었
을 겁니다. 모른 척 넘기고 아닌 척 버티셨을 겁니다. 언젠가 그런 말
씀을 하신 적이 있거든요. "사표를 쥔 사람은 나다." 이 말이 시어머
니께 배운 마지막 조언입니다.

3

하루 24시간으로 살아내기

당신의
하루는
몇 시간입니까?

출근하는 길, 다리가 시립니다. '백화점 갔을 때 입어본 그 바지 그냥 살걸…' 하고 후회합니다. 지난 주말 겨울옷을 사러 백화점에 갔었습니다. 사실 '사러' 간 건 아니죠. '보러' 갔습니다.

백화점에서 사면 가격표에 적힌 금액 그대로 내야 하지만 온라인 쇼핑을 하면 같은 옷을 최소한 20% 할인한 가격으로 살 수 있습니다. 그렇다고 무조건 온라인 쇼핑을 하면 사진발에 속을 수 있습니다. 오프라인에서 직접 보고 만져보고 입어본 뒤, 온라인에서 같은 옷을 가장 싼 가격에 파는 곳을 찾아 주문을 합니다. 택배가 도착하면 마음에 드는 옷을 싸게 샀다는 생각에 뿌듯하죠. '난 참 알뜰해.'

같은 생각이었습니다. 백화점에서 적당한 바지를 찾았고 인터넷에서 주문을 하려고 했습니다. 그런데 월요일 화요일이 지나고 오늘은 수요일인데도 주문을 하지 못했습니다. 남편에게 따뜻한 장갑을 선물하려고 봐두었는데 장갑 역시 주문하지 못했습니다. 인터넷 쇼핑을 할 시간이 없었습니다.

오늘도 얇은 바지를 입은 저를 보고 남편이 한 소리 합니다. "그러니까 주말에 그냥 사라니까, 얼마 아끼겠다고…." "나라고 인터넷 쇼핑할 시간이 없을 줄 알았겠어?" "시간도 돈이야. 백화점에서 입어본 옷하고 같은 거 찾아서, 거기에 더 싸게 사겠다고 제일 싸게 파는 쇼핑몰 또 찾고. 주문하면 바로 오는 것도 아니잖아, 며칠 기다려야 하고. 그러다가 감기라도 걸리면, 몸은 몸대로 상하고 고생하고 병원비도 들잖아. 그건 결코 이득이 아니야."

평소에 제가 화장지 하나도 인터넷 최저가로 사야 직성이 풀리는 걸 아는 남편은 잔소리를 이었습니다. 피곤함에 반은 제정신이 아니면서도 이것저것 주문한다고 새벽까지 깨어 있는 게 마뜩잖았던 모양입니다.

"티끌 모아 태산이야. 알뜰하다고 칭찬할 땐 언제고!" "알뜰도 상황 봐가면서 해야지. 회사 다니고 퇴근하면 애들 보고 살림하느라 매일 새벽에 자잖아. 지금 당신은 돈이 아니라 시간을 알뜰하게 써야 한다고요."

구구절절 맞는 말입니다. 복직 초기에는 긴장해서 힘든 줄도 몰랐습니다. 하루 3~4시간 자고도 알람이 울리기 전에 눈이 떠졌습니다. 어느 정도 적응이 된 걸까요. 요즘엔 알람이 울려도 깨지 못합니다.

며칠 전에는 또래 워킹맘들과 점심을 같이 했습니다. "지금 내 눈도 네 눈처럼 충혈되어 있어?" "넌 눈보다 다크서클이 더 심각해." "하루가 30시간이면 좀 살 만할 텐데 말이야."

맞습니다. 요즘은 하루가 24시간인 게, 내 몸이 하나인 게 아쉽습니다. 회사에서 일을 하면서 오늘 저녁 메뉴를 고민하고, 저녁을 차리면서 마무리해야 할 업무를 생각합니다. 아이를 안고 빨래를 하고, 청소를 하면서 동요를 부릅니다. 엄마, 아내, 직장인. 1인 3역을 하다 보면 어렸을 적 이불 속에서 들은 '손톱 먹은 들쥐'가 생각납니다. 동화를 들은 뒤로는 들쥐가 나로 변할까 봐 무서워서 손톱을 깎으면 열 개를 모두 찾아 꽁꽁 싸서 버렸는데, 요즘 같아선 손톱을 잘게 쪼개서 들판에 뿌리고 싶습니다.

새벽에 일어나 새벽에 침대에 눕는데도 오늘 하루 잘 보냈다는 뿌듯함이 없습니다. 아직 할 일이 남았는데… 찝찝함에 뒤척이다 잠들면 꿈에서도 바쁘게 움직입니다.

평범한 직장인이었다가 결혼하며 아내라는 역할이, 아이를 낳으며 엄마라는 역할이 더해졌습니다. 역할이 늘어난 만큼 해야 할 일도 늘었습니다. 해야 할 일은 그만큼 늘어났는데 나에게 주어진 하루는 여전히 24시간. 야속한 시간은 아무리 붙잡아도 재깍재깍 흐릅니다.

하루가 모든 사람에게 24시간이라는 건 불공평합니다.

'시간 부족'을 넘어 '시간 빈곤'에 시달립니다. 영어로는 '타임 푸어(time poor)'. 단어 그대로 시간에 쫓기는 현대인을 빗댄 신조어입니다. 옥스퍼드 영어사전 온라인판에도 올랐습니다.

2014년 한국고용정보원과 미국 레비경제연구소의 공동연구보고서 '소득과 시간 빈곤 계층을 위한 고용복지정책 수립방안'에 따르면 한국 전체 노동인구 중 930만 명(42%)이 시간 빈곤 상태에 놓여 있다고 추정됩니다. 그 42% 중 56%는 여성입니다. 그중에서도 일하는 엄마들, 워킹맘은 심각한 시간 빈곤에 시달리고 있습니다. 30대 중반, 어린아이 둘의 엄마이자 직장인인 나도 시간 빈곤 계층에 속하는 것 같습니다.

하루가 몇 시간이면 나는 '오늘 할 일'을 깔끔하게 끝내고 두 다리 쭉 뻗고 잘 수 있을까. 보고서의 시간 빈곤 계산법에 따라 나의 시간 빈곤을 계산해봅니다. 보고서는 '시간 빈곤'을 1주일 단위로 계산합니다.

168시간(24시간×7일) − 주당 근로시간 = 개인돌봄시간

주당 근로시간에는 근무, 출퇴근, 보육, 가사 시간이 포함됩니다. 개인돌봄시간에는 수면, 식사, 세면, 휴식, 여가 시간이 포함됩니다.

이렇게 계산된 개인돌봄시간이 97시간보다 적으면 시간 빈곤에 빠진 것이라고 합니다. 우리나라의 만 18~70세 국민의 개인돌봄시간 평균 97시간(수면 54시간, 식사 12시간, 세면 8시간, 휴식 2시간, 필수 최소 여가 14시간, 대체불가능 가계활동 7시간)이 기준이라고 합니다.

자, 본격적으로 저의 시간일지를 작성해봅니다. 시간 빈곤을 계산하려면 1주일 생활시간표가 필요합니다.

<주중 생활시간표>

근무: 회사 근무 시간 8시간 (점심시간 제외) + 재택야근 = 9.5시간

출퇴근: 1.5시간

보육: 아침에 아이들을 깨우는 순간부터 1시간 + 퇴근해서 아이들이 잠들 때까지 3시간 = 4시간

가사: 아침에 아이들이 일어나기 전 30분 + 저녁에 아이들이 잠든 후 1시간 = 1.5시간

하루 평균 근로시간은 16.5시간입니다. 주당 82.5시간이네요.

<주말 생활시간표>

가사 3.5시간 + 보육 9시간 = 12.5시간

토요일, 일요일 이틀이니 25시간입니다.

주중 82.5시간+주말 25시간=107.5시간. 저의 주당 근로시간은 107.5시간입니다. 일주일 168시간-107.5시간=60.5시간. 이 시간이 저의 개인돌봄시간이네요. 개인돌봄시간 평균인 97시간에서 60.5시간을 빼면 36.5시간. 저는 일주일에 개인돌봄시간이 36.5시간 부족한 시간 빈곤자입니다.

시간이 부족하다는 건 알고 있었습니다만 일주일에 36.5시간, 하루 평균 5.2시간이 부족하다니, 좀 섬뜩합니다. 이 수치는 제가 지금, OECD 국가 중 수면시간 꼴찌, 1인당 노동시간 1위인 우리나라 평균 성인보다 하루에 5시간을 덜 먹고 덜 자고 덜 쉬고 있다는 뜻이니까요.

아무래도 안 되겠습니다. 시간 빈곤에서 완전히 벗어날 수는 없어도 하루를 29.2시간처럼 사는 데서는 벗어나야겠습니다. 방법을 찾고 실천하다 보면 적어도 하루를 28시간, 27시간처럼 살 수 있지 않을까요.

할 일 연산법

: 빼기

나는 정말 바쁜 걸까

다음 질문에 예/아니오로 대답하시오.

1. 시간이 부족해서 스트레스를 받는다. ( )

2. 시간이 더 필요해서 잠을 줄였다. ( )

3. 하루 동안 '하려고 했던 일'을 다 끝내지 못했다. ( )

4. 가족과 친구들에게 충분한 시간을 쏟지 못해 미안하다. ( )

5. 감당할 수 있는 것보다 더 많은 것을 해내려고 하기

   때문에 항상 스트레스를 받는다. ( )

6. 일상에 갇힌 느낌이다. ( )

7. 퇴근이 늦어질 때 가족에게 죄책감을 느낀다.　　　　　( )

8. 나 자신이 일중독인 것 같다.　　　　　　　　　　　( )

9. 여가를 즐길 시간이 없다.　　　　　　　　　　　　( )

10. 남편(혹은 아내)이 이제 나를 잘 모르는 것 같다.　　　( )

시간연구자이자 사회학자 존 로빈슨이 개발한 '시간 부족 설문지'(time crunch scale)입니다. 로빈슨은 이 항목들로 사람들이 느끼는 바쁨의 정도를 측정했습니다. 질문은 '스트레스를 받는다' '미안하다' '느낀다' 주관적 항목입니다. '진짜' 시간 부족을 측정하는 게 아니라 내가 느끼는, 주관적인 시간 부족을 측정합니다.

저는 10개 중 8개에 '예'라고 답했습니다. 스스로 엄청 바쁘다고 느끼는 것이지요.(일을 좋아하지만 일중독 같지는 않고, 야근은 아이들이 잠든 뒤 하기 때문에 죄책감을 느끼지는 않습니다. 그래서 '아니오'입니다.)

시간연구학자들은 먼저 주관적인 바쁨을 벗어나야 객관적으로 시간을 들여다볼 수 있다고 말합니다. 주관적인 바쁨을 벗어나는 첫 단계는 '해야 할 일' 목록 작성하기. 시간이 부족해서 '해야 할 일'을 다 하지도 못하는데 '해야 할 일' 적느라 시간을 또 쓰라고? 그럴 시간에 하나라도 더 하겠다! 그런 마음이 드시나요? 저도 그랬는데 이 책 저 책 뒤져봐도 같은 말입니다. 모두 한 목소리라면 밑져야 본전이다 생각하고 '해야 할 일'을 적어봤습니다.

물론 웅이 어린이집 가방 챙기기, 아이들 목욕, 청소, 설거지 등 매일 반복되는 일을 제외한 목록입니다. 회사 업무도 적지 않았습니다. 그런데도 만만치 않습니다. 목록을 보고 있자니 해야 할 일이긴 한데 언제 다 하지, 기운이 쭉 빠집니다. 인정합니다. 하루에 할 수 있는 양이 아닙니다.

'해야 할 일'을 다 적었으면 2단계는 '해야 할 일' 중 '오늘 꼭 해야 할 일' 추리기. 봄옷 정리는 주말에 해도 되고, 결이 새 책은 아직 도착하지 않았으니 오늘 당장 책 넣을 공간을 마련하지 않아도 됩니다. 화장실 청소도 며칠 미뤄도 됩니다.

3단계는 '오늘 꼭 해야 할 일' 중 '꼭 내가 해야 할 일' 추리기. 현대 경영학의 아버지로 불리는 피터 드러커는 시간관리를 하려면 "다른 사람이 나보다 더 잘하지는 못하더라도 최소한 나만큼은 할 수 있는 일을 찾아 다른 사람에게 맡기고, 중요한 일에 집중할 시간을 확보하라."고 합니다. 남편 겨울 양복과 코트를 세탁소에 맡기는 건 남편이 해도 됩니다. 남편 회사 근처에 빵집이 있으니 식빵도 남편에게 부탁합니다. 친정엄마의 보냉가방은 언니에게 부탁해봅니다.

이렇게 추리니 '오늘 꼭 내가 해야 할 일'이 절반으로 줄었습니다. 마음의 짐도 절반으로 줄어듭니다.

일단 '해야 할 일'이 명확해지니 머리가 맑아집니다. '오늘은 꼭 물티슈 주문해야 해!' '오늘은 꼭 소고기 주문해야 해!' 혹시 잊을까봐 계속 되뇌었는데 목록에 적어뒀으니 그럴 필요 없습니다. 리스트를 휴대전화에 저장하고 가끔 확인하면 됩니다. 불현듯 '화장실 청소!' 떠오르지만, 며칠 뒤로 미룬 것도 생각납니다. 하루가 (그럼에도 불구하고 복잡하지만 전보다는) 간단명료해집니다.

엄마의 일은
영원히 끝나지 않는다

"Frauenarbeit ist behende, Aber ohne Ende.(여자의 일은 영원히 끝나지 않는다.)"

독일 속담입니다. 대학 시절 이 속담을 처음 접했던 것 같습니다. 취업을 준비하던 저는 '나도 여잔데, 난 영원히 끝나지 않는 일을 찾고 싶은데?' 공감하지 못했습니다.

"당신 어제 자면서 '내일 저녁에 뭐 먹지?' 하더라. 잠꼬대였지?" 남편의 이야기에 이 속담이 떠올랐습니다. 엄마가 되니 이제 알겠습니다. 여자의 일은 자면서도 끝나지 않습니다. 영원히 끝나지 않는 일 맞습니다. 심지어 반복됩니다!

새벽에 눈을 뜨면 쌀부터 씻습니다. 쌀을 씻고 냉동실에서 생선을 꺼내 미지근한 물에 해동합니다. 샤워를 하고 머리를 손질하고 화장을 하고 생선을 굽습니다. 몸이 움직이는 동안 머리도 분주합니다. '웅이가 매 끼니 찾는 감자볶음이 떨어져 가네. 감자가 충분히 있던가. 쌀도 바닥났어. 같이 주문해야겠다. 웅이 어린이집 친구 생일선물도 챙겨야 해.'

웅이를 어린이집에 데려다주고 출근하며 휴대전화 마트 앱을 실행, 샤워하는 동안 떠올린 것들을 장바구니에 담습니다. (잊어버리지 말아야지, 다짐이 무색하게 또 '뭐였더라… 주문할 게 있었는데…' 하고 있습니다.) 아침 회의용 보고사항도 같이 정리합니다.

회사에 도착. 불쑥불쑥 떠오르는 아이 생각을 누르며 업무에 집중합니다. 점심시간에 밥을 먹으며 '오늘 저녁엔 또 뭘 해 먹나' 생각합니다. 모니터를 뚫어지게 보다가 '몇 시지?' 시계를 확인하면 항상 오후 3시 50분~4시 사이. 웅이 어린이집 하원시간입니다. '오늘도 잘 놀았겠지? 집에는 잘 도착했나?' 궁금합니다. 그러다 보면 퇴근 시간. 컴퓨터는 끄지만 업무는 머릿속에서 계속 돌아갑니다.

하루 종일 머릿속에서 일-육아-살림이 뒤엉켜 굴러다닙니다. 그러다 어느 순간이 되면 빠지직. 나는 지금 뭘 하고 있는 거지? 나는 지금 무슨 생각을 하고 있었지? 멍해집니다. 멀티태스킹은 자신있었는데, 멀티태스킹을 할 때 뇌는 마약에 취했을 때보다 둔해진다는 연구 결과 따위는 남 일인 줄 알았는데, 내 이야기였습니다.

늘 머릿속이 어수선합니다. '아, 뭐지? 뭐였지? 뭘 하려고 했지?' 머리를 쥐어뜯는 일이 늘어갑니다. 시간 연구자들은 어떤 일을 하면서 다른 일을 생각할 때, 시간이 '오염'됐다고 합니다. 엄마가 되고, 워킹맘이 되니 하루 24시간이 오염되어 있습니다.

이 일을 하고 있으면 저 일이, 저 일을 하고 있으면 또 다른 일이 떠오릅니다. 해야 할 일이 만 가지라 하나를 하고 있어도 9999개의 다른 일에 짓눌리는 것 같습니다. 머릿속을 비우고 싶습니다. 신경 쓸 일을 줄이고 싶습니다.

매일 저녁 메뉴 걱정만 덜어도 한시름 덜겠다는 저에게 한 선배는 그랬습니다. "어차피 먹는 건 비슷한데, 뭘 고민해. 메뉴를 돌려."

그러네요. 우리 식구가 자주 먹는 메뉴는 정해져 있습니다. 2주일 단위로 같은 메뉴를 반복해볼까? 김치찌개 불고기 양념갈비 순두부 찌개 미역국. 자주 해 먹는 음식 목록을 휴대전화에 저장했습니다. '어제 김치찌개 먹었으니까 오늘은 불고기 차례.' 저녁 메뉴가 고민 일 때면 식단을 봅니다. 나쁘지 않습니다.

메뉴가 반복되니 장 보는 시간도 줄어듭니다. 마트앱에서 지난주 지지난주 주문내역을 열어 '모든 상품 다시 장바구니에 담기'를 클 릭합니다. '뭘 주문해야 하지' 하며 하나하나 장바구니에 담는 대신 과거 주문내역에서 필요 없는 걸 뺍니다. 생각을 덜어내니 숨 쉴 틈 이 생깁니다.

저녁 식단처럼 매일 반복되는 고민, 반복되는 일을 찾아봅니다. 일 과의 패턴을 만들면 그만큼 시간의 오염을 막을 수 있습니다. '빨래 는 일주일에 한 번' 대신 '매주 수요일'로 구체화했습니다. '지난주 에 빨래 언제 했지? 할 때 된 것 같은데…' 신경 쓸 일 없습니다.

"여보, 웅이 잘 준비 다 했어?" 웅이 잘 준비는 영양제 먹기, 양치 질하기, 소변보기, 물 마시기 4종 세트, 남편 담당입니다. "웅이 영양 제 먹였어? 물은 줬어?" 하나씩 묻던 걸 '잘 준비'로 묶어 한꺼번에 묻습니다. 처음엔 "잘 준비 4개가 뭐지?" 자꾸 묻던 남편도 이젠 패턴에 익숙해져 더는 묻지 않습니다. 웅이 또한 영양제를 먹으면 스스로 칫솔을 찾습니다.

기저귀 생수 화장지는 사용 패턴이 비슷합니다. 기저귀는 1달에 1번, 생수는 2주에 1번, 화장지는 2달에 1번 정기배송을 신청했습니다. 최저가로 살 수는 없지만 '아, 맞다. 기저귀 주문했던가? 얼마나 남았지? 오늘은 꼭 주문해야지.' 신경 덜 쓰는 대가로 여깁니다.

머리가 빠지직, 갑자기 멍해질 땐 언제나 '정신 차리자, 정신 차려!' 했었습니다. 그런데 정신 차릴 게 아니라 머리를 비우는 게 답이었습니다. 머릿속이 너무 꽉 차서, 과부하에 걸려 멍해진 것이니까요. CPU가 풀가동되면 컴퓨터도 버벅거립니다. 컴퓨터가 버벅거리면 실행 중인 프로그램을 강제 종료합니다. 그래야 컴퓨터가 제 속도를 찾습니다. 사람도 마찬가지입니다. 패턴을 만들면 실행 중인 프로그램을 줄일 수 있습니다.

물티슈 한 장만큼 청소하기

'오늘의 할 일' 목록을 정리하며 '주관적인 바쁨'을 정리했습니다. 이제 '객관적인 바쁨'을 살펴봅니다. 시간 빈곤 계산법에 따르면 저는 일주일에 개인돌봄시간, 즉 먹고 자고 쉬는 시간이 36.5시간 부족합니다. 이 시간을 늘리려면 '근로 시간'을 줄여야 합니다. 근로 시간에는 근무 보육 가사 출퇴근이 포함됩니다.

우선 근무 시간부터 볼까요. 이 시간을 줄이려면 단축근무를 해야 하는데 우리 회사는 그런 제도가 없습니다. 월급을 받고 회사에 다니는 이상 오전 9시 20분 출근, 오후 6시 반 퇴근은 의무입니다. 출퇴근 시간을 줄이려면 회사 근처로 이사를 가야 하는데 지금 당장은 이사를 갈 생각도, 여유도 없습니다. 이제 남은 부분은 보육과 가사.

아이들과 함께하는 시간을 생각해봅니다. 우선 아침. 아이들을 좀 더 늦게 깨우면 저도 조금 더 잘 수 있을 겁니다. 지금은 오전 7시에 아이들을 깨우고 8시 40분에 집을 나섭니다. 아침을 먹이고 세수와 양치질을 시키고 옷을 입히죠. 아이가 둘이다 보니 항상 시간이 빠듯합니다. 가끔 웅이도 결이도 아침에 응가할 때가 있는데 이런 날은 8시 40분에 집을 나서지 못합니다. 좀 더 늦게 깨우는 건 포기. 퇴근해서 집에 도착하면 오후 7시 15분. 웅이 결이는 10시 전후로 잠이 듭니다. 퇴근 후 3시간은 엄마와 부대끼고 살 냄새 맡게 해주고 싶은데 지금도 채우지 못하고 있습니다. 이 시간은 줄이기보다 늘리고픈 시간입니다.

이제 가사 시간만 남았습니다. 주로 아이들이 잠든 뒤의 시간입니다. 사실 복직을 앞두고 베이비시터를 찾을 때 입주형과 출퇴근형을 두고 고민했습니다. 지인들은 아이가 둘인 상황에서 주변의 도움을 최소화하려면 가사를 완전히 맡길 수 있는 입주형 이모님을 찾으라고 했습니다. 입주형 이모님은 평일에는 24시간 우리 집에서 같이 생활하시니 저나 남편이 갑자기 야근을 해도 걱정을 덜 수 있고 집안일에도 신경을 덜 쓸 수 있습니다. 맞벌이 부부를 대상으로 한 연구들에 따르면 화이트칼라 중산층 워킹맘은 가사를 '외주'화하며 개인 시간을 확보하고 있다고 합니다. 내 몫의 가사를 덜어낸 만큼 내 시간이 더 생긴다는 것이죠. 가사를 외주화하려면 입주형 이모님이 최적입니다.

반면 한집에서 같이 생활해야 하니 부부의 사적인 시간과 공간에 제약이 따릅니다. 우리 집은 방 3개짜리 24평 아파트인데 방 3개는 이미 안방, 서재 겸 장난감방, 옷방으로 쓰고 있습니다. 이모님이 쓰실 방 하나를 마련하는 건 쉽지 않습니다. 또 아이들이 잠든 후 취미 생활을 즐기는 남편도 반기지 않았습니다. 비용면에서도 쉽지 않습니다. 출퇴근 이모님보다 월급도 더 드려야 하고 우리 집에서 같이 생활하시니 생활비도 더 들 겁니다. '둘이 벌어도 남는 게 없다'를 넘어 '둘이 벌어도 마이너스'인 상황이 됩니다.

출퇴근형 이모님을 찾았습니다. 이모님이 가사를 일부 도와주시기는 하지만 결이는 아직 잠깐 한눈을 팔면 사고를 내는 시기입니다. 아이들과 관련된 최소한의 가사만 부탁드립니다.

청소와 빨래, 요리와 설거지는 남편과 저의 몫. 제가 가사를 덜 하려면 남편이 가사를 더 해야 합니다. 워킹맘도 힘들지만 워킹대디도 힘듭니다. 아랫돌 빼서 윗돌 막을 순 없습니다. 가사를 최소한으로 줄여야 합니다.

격일로 하던 빨래 횟수를 줄였습니다. 이제부턴 일주일에 한 번, 몰아서 세탁기를 돌립니다.

청소는 딱 물티슈 한 장으로만 합니다. 신혼 초에는 일주일에 한 번 청소기 돌리고 손걸레질을 하면 집이 반짝였는데 아이가 태어나며 모든 게 달라졌습니다. 청소하고 돌이서면 청소할 게 있습니다. 아이 사는 집이 다 그렇지, 어쩔 수 없다고 생각하다가도 결이가 바닥에 떨어진 머리카락을 국수 가락 먹듯 맛있게 빨아 먹는 걸 목격한 날부터 청소에 온 힘을 다했습니다. 이제 결이도 바닥에 떨어진 건 휴지통에 버릴 정도로 컸으니 다시 물티슈 한 장 청소로 돌아갑니다. 걸레를 빨아서 온 집안을 손걸레질하는 대신 물티슈 한 장으로 가능한 범위만 청소하겠습니다. 주로 웅이 결이가 활동하는 공간 위주가 되겠지요. 주말에 남편과 대청소를 하니 많이 더럽진 않을 겁니다.

빨래와 청소만 조정해도 하루 30분~1시간이 아껴집니다. 시간 빈곤자에게도 조금씩 희망이 보이기 시작했습니다.

할 일 연산법

: 나누기

열이 오르락내리락합니다. 아이들말고 제가요. 병원에서도 원인을 모르겠답니다. 무리해서 그럴 수 있으니 우선 쉬라고 합니다. 별로 힘들지 않다고 생각했는데 마음과 달리 몸은 고군분투 중인가 싶어 씁쓸합니다. 남편이 집안일은 잊고 푹 자라고 하네요.

다음 날 아침, 거실에 나갔습니다. 어? 어젯밤 내가 본 그 거실이 아닙니다. 웅이가 가지고 놀던 기차 레일도, 결이가 던지고 놀던 공도 없습니다. 장난감들이 모두 제자리에 있습니다. 건조대에 빨래도 없습니다. 서랍을 열어보니 어설프게 개어놓은 수건이 가득합니다. '고마운 범인'은 남편입니다.

집 정리 및 빨래, 청소는 제 담당, 설거지는 남편 담당입니다. 지난 밤, 제 담당의 집안일을 하지 못하고 잤으니 아침에 일어나서 하려고 했는데 남편이 저 대신 제 몫의 일을 했습니다. 제가 쉬려면 본인이 더 움직여야 한다는 생각을 했나 봅니다.

남편은 지금도 최고의 워킹대디입니다. 한 달에 한두 번을 빼고는 칼퇴근하고, 아이들과도 잘 놀아줍니다. 겸이는 엄마인 제가 출근할 때는 웃으며 손을 흔들어주지만 아빠가 출근할 때는 엉엉 웁니다. 남편과 웅이 겸이가 노는 걸 보면서 "다음 생에는 내 남편 말고 내 아빠가 되어달라"고 한 적도 있습니다.

가사도 빠지지 않습니다. 칼퇴근을 하니 자연스레 가사와 육아를 함께합니다. 통계청 자료에 따르면 30대 맞벌이 남편은 하루 평균 1시간 5분을 가사와 육아에 쓴다는데 남편은 3시간을 씁니다. 굳이 가족 친화 점수를 매기자면 남편은 대한민국 워킹대디 중 상위 3%에는 속할 것 같습니다. 더 바라는 건 내 욕심입니다.

회사에서 가장 이상적인 남편으로 꼽히는 선배와 이야기를 나눈 적이 있습니다. 선배 역시 맞벌이 부부지요. 세 아이의 아빠이기도 합니다. 선배에게 가사를 어떻게 분담하느냐고 물었습니다.

"가사 분담? 우리는 분담하지 않아. 남편 아내, 엄마 아빠 구분 없어. 그냥 할 수 있는 사람이 하는 거야."

놀랐습니다. 선배는 가사를 분담하지 않는다고 했지만, 이런 게 궁극의 가사 분담이구나, 싶었습니다. 기혼여성 중 80%가 워킹맘인 나라 덴마크. 비결은 엄마와 아빠의 동등한 여가 시간, 동등한 가사 육아 시간이라고 합니다.

아침밥을 챙겨주지 못해서, 구김 하나 없는 와이셔츠를 준비해주지 못해서, 내조를 해주지 못해서 항상 미안했습니다. 좋은 아내가 되지 못하는 게 마음에 걸렸습니다. 선배는 아내인 동시에 동반자이니까, 미안해할 필요 없다고 했습니다.

"혼자 가던 길을 둘이 가려 합니다. 기쁘고 행복한 길이지만 쉽지만은 않은 길이기에 하나님의 사랑과 여러분의 축복 속에 시작하고자 하오니 부디 참석하시어 자리를 빛내주시기 바랍니다."

결혼식 청첩장에 남편이 직접 적은 글귀입니다. 잊고 있었는데, 손 꼭 잡고 둘이 가는 길입니다. '남자가 이 정도면 훌륭하지. 여자인 내가 좀 더 하자.'라는 생각을 지워야겠습니다. '할 수 있는 사람'이 남편이라면 남편에게 맡기겠습니다.

밥상, '품앗이'를 실천하다

"결이가 고사리 잘 먹어. 내 딸 맞나 봐. 울 엄마 반찬 알아보네. ^^"

출근길 엄마에게 문자를 보냅니다. 밥보다 반찬, 그것도 입이 짧아 이 반찬 두 입, 저 반찬 두 입, '뷔페' 취향 결이가 오늘 아침에는 할머니가 해주신 고사리 나물을 한 그릇 다 비웠거든요. 손녀가 밥은 안 먹고 반찬만 먹는다는 걸 아는 엄마는 간을 거의 하지 않으셨습니다. 한 그릇 다 먹어도 '저 짠 걸…' 걱정하지 않아도 됩니다.

딸은 도둑입니다. 엄마 표현으로 저는 '퍼주고 싶은 도둑'이랍니다. 제 생각에는 도둑질도 한두 번이지, 퍼 가고 퍼 가고 또 퍼 가는 그저 염치없는 도둑입니다. 태어나는 순간, 아니 뱃속부터 엄마를 빼먹고 살았습니다. 결혼하면 엄마 좀 덜 빼먹고 살 줄 알았는데, 결혼하니 더 빼먹습니다. 자식이 못 미더운 엄마는 뭐 하나라도 더 챙겨주고 아직 제가 못 미더운 저는 엄마가 주면 넙죽넙죽 받습니다.

음치 박치 길치만 있는 줄 알았는데 결혼하고 '요리치'를 알았습니다. 아주 가까운 곳에 있더군요. 바로 저요. 살림은 열심히 하면 되는데 요리는 요령과 감이 필요합니다. 결혼하고 임신하기 전까지 1년이 채 안 되는 기간 짧지만 열심히 '감'을 익혔지만 '아, 이제 좀 알겠다' 싶은 순간 임신을 했습니다. 냄새 맡는 게 괴로워 요리와 다시 멀어졌습니다. 그래도 내 아이는 내 손으로 만든 음식으로 키워야지 싶

품앗이한 반찬으로

엄마가 '차린' 밥상도 괜찮습니다.

넙죽넙죽 받아먹는

아이를 보는 것만으로도

엄마는 배가 부릅니다.

어 아이 이유식을 하며 처음으로 죽을 쑤고, 간을 하지 않은 반찬을 만들었습니다. 완료기가 되어 어른 반찬하고 비슷하게 먹여볼까 싶었을 때 복직을 했습니다.

내가 직접 먹이진 못해도 내가 만든 음식을 먹이고 싶었습니다. 아이들이 잠들면 감자를 볶고 시금치를 무치고 어묵을 조렸습니다. 언니는 1시간에 세 가지 반찬을 만들던데, 저는 시간당 한 개 완성합니다. 요리만 시작하면 새벽 2~3시는 금방 넘어갑니다.

점심시간, 식사를 하는데 시터 이모님이 사진을 보내셨습니다. 결이가 감자볶음을 맛있게 먹고 있네요. 선배에게 보여주며 "이렇게 맛있게 먹어주니 잠 안 자고 요리하죠." 자랑했습니다. 선배는 "직접 해 먹이는 것도 좋지만 반찬 할 시간에 아이 한 번 더 안아주는 것도 나쁘진 않아"라고 합니다. "요즘 세상에 엄마 고픈 아이는 있어도 배 고픈 아이는 없거든."

반찬 하느라 시간이 많이 드는 것도 사실입니다. 주말에 몰아서 하려고 하는데, 주말에는 아이들과 놀러도 가야 하고 밀린 집안일도 많습니다. 평일은 말할 것 없습니다. 반찬 하는 날은 그렇지 않아도 부족한 수면시간이 더 줄어듭니다. 반찬을 '아웃소싱'한다면 시간을 꽤 많이 벌 수 있습니다. 한 연구에 따르면 부부 월평균 소득에서 아내 소득의 비중이 클수록 아내의 가사노동시간은 줄었습니다. 그렇다고 남편의 가사노동시간이 늘어난 건 아닙니다. 연구에서는 아내

의 소득으로 가사노동을 '아웃소싱'하며 가사노동시간을 줄였을 가
능성이 크다고 말합니다.

반찬은 일종의 '품앗이'로 해결해보려고 합니다. 친정에 갈 때마
다 엄마는 반찬을 싸주십니다. 딸과 사위가 좋아하는 반찬을 주로 해
주십니다. 엄마한테 당분간 웅이 결이가 좋아하는 반찬을 부탁드립
니다. 언니도 도와줍니다. 또래 조카 둘을 키우는 언니는 아이들이
좋아하는 반찬을 잘 알고 있습니다.

육아휴직을 했을 때 남편이 늦으면 언니한테 가서 "우리 밥 좀 줘"
하며 빌붙어 끼니를 해결하곤 했습니다. (남편한테 언니 집으로 퇴근하
라고 해서 온 식구가 '빌붙은' 날도 많습니다!) 웅이가 최고로 꼽는 음식
은 '이모가 해준 두부 넣은 된장찌개'입니다. 간단한 국이나 반찬은
시터 이모님께 부탁드립니다. 남편은 매콤달콤한 반찬을 좋아합니
다. 누가 뭐래도 세상에서 가장 맛있는 음식은 '울 엄마'가 해준 음식
이겠지요. 남편이 좋아하는 반찬은 가끔 시어머니께 부탁드립니다.
남편 입맛에 맞는 반찬 업체를 찾아 주기적으로 배달도 시킵니다. 그
렇게 평일에는 품앗이한 반찬으로 엄마가 '차린' 밥상을 먹습니다.
말 그대로 전 숟가락 하나 얹는 것뿐이지요.

'엄마표 밥상'은 주말로 미룹니다. 잘하진 못하지만, 탁탁탁탁 4분
의 4박자 칼질은 아니지만, 내 손으로 '무언가'를 만들어 네 식구가
함께 즐깁니다.

웅이 녀석, 벌써 엄마의 요리 솜씨를 파악한 걸까요. 지난 주말엔 짜장면을 해달랍니다. 찬장에 숨겨둔 짜장라면을 두 개나 꺼내 끓여 줬습니다. 남편도 웅이도 결이도 모두 경쟁하듯 먹습니다. 웅이는 그릇을 싹싹 비우더니 "엄마, 사 먹는 거보다 엄마가 해준 게 더 맛있어. 엄마 요리, 짱이야."라고 합니다. "그치? 엄마 요리 잘하지?" 큭큭 웃었습니다. 라면이면 어떻고 품앗이 반찬이면 어떻습니까. 다 같이 모여 즐겁게 먹는 게 최고입니다.

할 일 연산법
: 더하기

오늘의 점심 메뉴는
'여가'입니다

"점심 약속 있어?" "네." "누구랑?" "대학 동기
가 근처에서 일해요. 가끔 같이 점심 먹어요." 최대한 자연스럽게 이
야기합니다. 약속에 늦은 척 서둘러 나갑니다. 사실 약속 없습니다.
근처에서 일하는 대학 동기, 없습니다.

두 번째 복직을 결정하고, 웅이 어린이집 친구의 엄마를 만났었습
니다. "저 복직해요" 했을 때 그 엄마는 한껏 부러운 시선으로 말했
습니다. "이제 따뜻한 커피 마실 수 있겠네요." 그럴 수 있을 거라고

생각했습니다.

복직한 첫날. 출근길에 커피 한잔 사 들고 자축하고 싶었습니다. 회사 앞, 시계를 보니 출근 시간까지 3분 남았습니다. 커피는 무슨 커피, 엘리베이터 기다릴 여유도 없어 13층까지 뛰어 올라갔습니다.

'커피 한잔의 여유'는 사치라는 걸 인정하기까지는 오래 걸리지 않았습니다. (커피는 하루에도 여러 잔 마시긴 합니다. '여유'가 아닌 '카페인'이 필요해서요.) 다 식어버린 커피 잔을 들고 있으니 웅이 친구 엄마가 했던 말이 생각납니다. "따뜻한 커피는 무슨⋯. 복직하기 전이나 지금이나 커피는 여전히 원샷입니다." 허공에 대고 말합니다.

여유가 그립습니다. 간절합니다. 복직하기 전에는 아이가 낮잠을 잘 때 옆에 배 깔고 엎드려 책을 읽곤 했습니다. 새근새근 숨소리를 들으며 책을 읽고 있으면 저절로 콧노래가 나왔습니다. 출퇴근길이라도 책을 읽어야겠다 싶어 가방에 책을 넣었지만, 지하철을 타면 온라인 장보기에 바쁩니다. 일단 책은 미루고 오늘은 자기 전에 침대에 누워 드라마를 보자, 별렀는데 눈을 뜨니 새벽입니다. 아이들을 재우다가 또 제가 먼저 잠든 것 같습니다.

그렇다고 '내 시간'이 아예 없는 건 아닙니다. 페이스북 타임라인을 쓱 훑을 정도의 시간은 있습니다. 1교시가 끝나고 2교시가 시작되기 전에 쉬는 시간이 주어지는 것처럼 이 일을 끝내고 저 일로 옮겨 가기까지의 시간. '내 시간'이라기보다는 '짬'입니다. 무언가를 계획하고 즐기기엔 턱없이 짧고 감질납니다. 그나마 회사에서는 혼자 있고 싶으면 화장실 문 걸어놓고 잠깐 들어앉아 있으면 되지만 집에서는 화장실에 들어가는 순간 아이들이 문을 두드립니다.

미국 보든칼리지의 노동경제학자 레이첼 코넬리는 엄마들의 여가는 '순수한' 여가가 아닌 '대기 상태'의 여가라고 말합니다. 소방서에서 호출을 기다리는 것과 비슷하다는 겁니다. '아이' 사이렌이 울리면 언제든 기둥을 타고 내려갈 준비를 하는 동시에 다음 임무에 대비하는 것. 엄마들은 여가 시간에도 항상 긴장 상태입니다.

딱 한 시간. 몸도 마음도 시끄러운 일상에서 나 혼자, 몸과 마음을 비울 시간이 필요합니다. 한 시간 쭉, 마음만 먹으면 혼자 즐길 수 있는 시간은 점심시간이 유일합니다. 그래서 가끔 나와의 약속을 만들기로 했습니다.

"점심 먹고 오겠습니다!" 회사를 나오면 그냥 하고 싶은 걸 합니다. 주로 걷습니다. 걷는 걸 좋아하거든요. 삼청동 경복궁 사직공원, 발길 닿는 곳으로 걷다가 30분이 지나면 '뒤로돌아!' 방향을 바꿉니다. 밥은 구내식당에서 간단히 먹거나 김밥 한 줄을 먹습니다. 스트레스가 많은 날은 백화점에 가서 쇼핑을 하기도 합니다. 카페에 앉아 책을 읽기도 합니다. 친구에게 전화를 걸어 한 시간 내내 수다를 떨기도 합니다. (백화점에서 다른 부서의 후배 워킹맘을 만난 적도 있습니다. 눈이 마주쳤고 서로 당황했다가, 가벼운 목례를 나누고 모른 척했습니다. 아마 후

배도 혼자만의 시간을 즐기는 중이었을 겁니다.) 이런 날은 배는 좀 고프
지만 마음은 든든합니다. 오늘은 숨 좀 쉬었다, 그런 기분입니다.

물론 직장인의 점심시간은 업무의 연장일 때가 많습니다. 그래서
'나와의 점심'은 가끔씩만 약속합니다. 날짜를 정하고 달력에 표시
를 합니다. 업무상 중요한 일이 아니면 웬만하면 지키려고 합니다.
나와의 점심 약속도 약속이니까요. 약속은 시간 날 때 지키는 게 아
니라 시간을 내서 지키는 겁니다.

잠, 마지노선을 지켜라

"선배, 오늘 얼굴에서 빛이 나요." "어제 좀 많이 잤더니 효과가 있
나?" "얼마나 잤는데요?" "6시간. 알람도 못 듣고 자버렸지 뭐야. 덕
분에 피부 좋다는 칭찬을 듣네." 칭찬이 무안한데 후배는 제 대답이
좀 황당한가 봅니다. "나는 어제 7시간 잤는데…. 대체 평소엔 몇 시
간 잔다는 거예요?"

후배는 20대 후반, 아직 결혼 전이고 아이도 없습니다. "나도 너만
할 땐 그만큼 잤어. 지금 많이 자둬." 어른 흉내 좀 내고 자리로 돌아
왔습니다.

결혼하기 전에 엄마는 그랬습니다. "이렇게 잠이 많아서 애는 어

떻게 키우니." 결혼하고는 주말에 남편이랑 누가누가 더 늦게까지 자나 시합을 하곤 했습니다. 자칭 잠돌이인 남편을 매번 제가 이겼습니다. 복직하기 전엔 보통 7~8시간 정도 잤습니다. 아이들 재우고 침대에서 휴대전화를 들고 이곳저곳 둘러보다가 보통 오후 11시에서 12시 사이에 잠들었습니다. 그리고 남편 출근 시간에 맞춰 오전 6시 반에 일어났습니다.

복직 초기엔 오전 5시, 요즘은 좀 적응됐다고 6시에 일어납니다. 전날 몇 시에 잤느냐에 따라 수면시간이 달라지는데 보통 1시, 아이들 재우며 나도 모르게 잠든 날은 10시부터, 재택야근한 날은 새벽 2~3시쯤 잡니다. 수험생일 때도 해보지 않은 '4당 5락' 생활입니다. 그런데다 웅이는 예민해서, 결이는 어려서 자다가 한두 번씩 깹니다. 결혼하기 전엔 굵고 길게 잤는데, 요즘엔 가늘고 짧고 자는 셈입니다.

복직하고 3주가 지났을 때 지역 커뮤니티에 '정신을 차릴 수가 없다'는 글을 올린 적이 있습니다. 새벽에 일어나서 애들 챙겨 어린이집에 보내고, 회사에서는 업무 재적응하느라 정신이 없고, 퇴근하면 집은 난장판이라 한숨이 나는데 아이들이랑 놀아줘야 하니 일단 한 눈 감고 아이들과 놀고, 아이들 잠들면 집 정리하고 다음 날 아침 준비하고 잔업도 조금 하고, 다시 새벽에 잠드는 일상을 적었습니다. 나 하나 복직했는데 온 가족의 삶의 질이 바닥으로 떨어진 게 무섭고, 앞으로도 이 생활이 이어질 거라고 생각하니 겁이 난다며 조언을 구했습니다. 선배 워킹맘들은 딱 두 가지 조언을 주었습니다. "기계도 그렇게 돌리면 고장 난다. 복직 초반이라 파이팅 넘치는 건 알겠는데 당신도 사람이다. 집안일을 줄이고, 잠을 늘려라."

심리학자인 대니얼 카너먼 프린스턴대 명예교수의 2004년 연구에 따르면 하루 평균 수면시간이 6시간 이하인 엄마가 누리는 행복감은 7시간 이상인 엄마에 비해 훨씬 낮습니다. 놀라운 것은 두 집단의 행복감의 차이가 연소득이 3만 달러 이하인 엄마와 9만 달러 이상인 엄마가 누리는 차이보다 더 크다는 겁니다. 일부에선 이 연구 결과를 빗대 "한 시산 너 자면 연봉이 6만 달러 높아진다"고 말하기도 합니다.

맞습니다. 잠이 부족하면 쉽게 짜증납니다. 예민해집니다. 욱하지 않는 편인데 복직하고는 올라오는 욱을 여러 번 참았습니다. 잠이 부족하면 입맛도 없습니다. 기운도 없습니다.

미국 펜실베이니아대 연구팀은 성인 48명을 하루 8시간, 6시간, 4시간 재우는 그룹, 아예 밤을 새우게 하는 그룹으로 나눠 인지 능력을 측정했습니다. 8시간 잔 그룹이 가장 우수한 성적을 기록했습니다. 반면 6시간 잔 그룹은 실험 시작 10일을 전후해 이틀간 밤샘한 그룹과 비슷한 성적을 냈습니다. 4시간 잔 그룹은 3일을 전후해 성적이 내려갔습니다.

어쩐지, 아무리 눈에 힘을 주고 집중하려고 해도 눈만 아팠습니다. 집중이 되지 않았습니다. 성인 적정 수면시간인 7~8시간에는 못 미치더라도 최소한의 수면시간은 확보해야겠습니다. 6시 기상시간은 바꿀 수 없습니다. '가능한 한 빨리 자자'는 추상적인 약속은 소용 없습니다. 구체적으로 정하는 게 낫습니다. 약속은 구체적일수록 지킬 가능성이 높아집니다. 하지만 몇 시에 잔다고 딱 정할 수는 없습니다. 불가피한 집안일, 회사 업무가 있을 테니까요. 그래서 첫째, 재택야근이 없는 날은 아이들 재울 때 무조건 자기, 둘째, 아이들 재울 때 휴대전화를 보지 않기로 정했습니다. 휴대전화를 하다 보면 아이들이 잠든 뒤에도 정신이 또렷해서 쉽게 잠들지 못하겠더라고요. 이 약속을 '오늘의 해야 할 일' 최우선 순위로 올립니다. 시간연구자들이 항상 하는 조언입니다. 꼭 해야 하지만 무시하기 쉬운 일이 있다면, 할 일 목록의 제일 위에 둬라.

노벨문학상 수상자 알베르 카뮈는 "삶을 송두리째 다 잃지 않기 위해서 얼마간의 삶을 바치는 것은 당연하다"고 이야기합니다. 이제부터 워킹맘의 삶을 잃지 않기 위해 얼마간의 '잠'을 바치겠습니다.

할 일 연산법

: 재배치

새벽형 엄마가 되다

"잘 자라 우리 아가, 앞뜰과 뒷동산에, 새들도 아가…야앙…도…."

"엄마! '다들 자는데~' 해야지."

"어, 그래."

아이들을 재우려고 자장가를 부르는데 제가 더 졸립니다. 자장가를 끝내기도 전에 스르르 잠들기 일쑤입니다. 웅이는 노랫소리가 작아지면 "엄마, 나 아직 안 자!" 화를 냅니다. 아이들이 푹 잠들 때까지 토닥이다 보면 온몸이 나른해지며 같이 자고 싶습니다. 하지만 침실

밖에는 남겨진 일들이 있습니다. 잠들면 안 됩니다. 자꾸만 감기는 눈을 억지로 뜹니다.

아이들이 유독 잠들지 않는 날도 있습니다. 침대에 눕히고 "우리 웅이 결이, 오늘 하루도 씩씩하고 행복하게 보내줘서 고마워. 이제 친구들이 기다리고 있는 꿈나라로 가자. 잘 자." 굿나잇 뽀뽀도 예쁘게 나눴는데 30분이 지나도, 50분이 지나도 말똥말똥합니다. 슬슬 짜증이 올라옵니다. 결국 "빨리 자라고! 지금이 몇 시인지 알아?" 이 악물고 낮게 소리를 지르죠. 아이들이 잠들어야 집안일을 하고 나도 잘 수 있는데, 아이들은 엄마 마음을 모릅니다. 빨리 자라고 재촉하는 엄마에게 "지금 괴물 놀이하는 거야?"라며 웃을 뿐입니다.

아이들이 잠들면 거실로 나갑니다. 깜깜한 방에 익숙해졌던 눈이 환한 거실 조명 아래 찡그려집니다. 하루 일과에 무거워진 몸을 달래며 '쓰으윽 쓰으윽' 걸레질부터 합니다. 피곤하니 손놀림이 느려집니다. 일에 속도가 나지 않습니다.

며칠 전 아이들을 재우다 저도 잠들어버렸습니다. 언제 잠들었는지도 모르겠습니다. 내가 먼저 잠들었는지 아이들이 먼저 잠들었는지도 모르겠습니다. 갑자기 눈이 번쩍 떠졌고 시계를 보니 새벽 5시. '으악, 나 미쳤나 봐! 어떡해!' 용수철처럼 벌떡 일어나 거실로 뛰쳐나갔습니다.

어젯밤 아이들과 놀던 흔적이 그대로였습니다. 제자리에 들어가지 못한 지점토는 딱딱하게 굳었고 뻥튀기 가면은 널브러져 있습니다. 빨래도 돌렸었죠. 세탁기 뚜껑을 열어보니 시큼한 냄새가 납니다. 다시 빨래를 돌리고 서둘러 집 정리를 합니다. 정리를 끝내고 시계를 보니 6시입니다. 아이들 재우고 나와서 했으면 2시간은 걸릴 일이었는데, 1시간 만에 해치웠습니다. 빠릿빠릿 움직인 덕입니다. 밤사이 충전된 몸은 힘내라고 달래지 않아도 말을 잘 들었고, 쓰으윽 쓰으윽 힘겹던 걸레질이 속도가 붙었습니다. 한때 유행했던 '새벽형 인간'의 장점을 이제 알겠습니다. 게다가 몸도 평소보다 가볍습니다. 웅이 곁이를 새우면시 잠들어 평소보다 더 많이 잔 덕입니다.

그래서 이제부턴 아이들을 재울 때 같이 잘 생각입니다. 빨리 자라고 아이들을 재촉할 일도 없고 졸음을 쫓으려고 허벅지를 꼬집는 일도 없겠죠. '누가 누가 먼저 잠드나' 시합을 할 겁니다. 그 대신 새벽 5시에 일어나겠습니다. 1시간 일찍 일어나는 대가로 2시간 더 잘 수 있다면 분명 남는 장사입니다.

쉽지는 않을 것 같습니다. 돼지우리 따로 없는 거실이, 빨랫감으로 가득한 세탁기가 마음에 걸립니다. 할 일을 다 하지 않고 잠자리에 드는 게 편할 것 같지는 않습니다. 마음도 노력이 필요합니다. '집안일이 끝나야 하루가 끝난다'는 생각을 '집안일을 하며 하루를 시작한다'로 바꿉니다. '애들 자면 하지 뭐' 했던 것들을 '내일 아침에 씻기 전에 하면 되지 뭐'로 바꾸는 거죠. 조금 더 자면, 다크서클 가리느라 짙게 화장하는 시간도, 화장품 값도 줄일 수 있을 겁니다! 잠도 더 자고, 화장품 값도 덜 들고 일석이조입니다.

하루 두 번,
작전 타임이 필요하다

임무: 깨우고 → 먹이고 → 씻기고 → 입혀서 → 어린이집에 보내기

시간: 1시간 반

임무를 완수하지 못할 경우: 벌칙은 지각

아침. 하루 중 가장 긴장되는 순간입니다. 내가 지금 무얼 하고 있나 생각할 틈도 없이 정해진 순서대로 바삐 움직입니다. 사실 바쁜 건 다른 시간과 같습니다. 다른 점이라면 아침은 '마감 시간'이 있다는 겁니다. 늦어도 8시 40분에는 웅이 손을 잡고 현관문을 나서야 합니다. 자꾸 시계를 보게 됩니다. "웅아, 벌써 8시 30분이야." 10분 남으면 엄마가 갑자기 동영상 빨리감기 버튼이라도 누른 듯 더 빨리 움직입니다. 그게 의아했나 봅니다. 웅이가 "엄마, 8시 30분이 뭐야?" 묻습니다. 어떻게 설명해야 할지 난감해 "저 길쭉하고 움직이는 걸 시곗바늘이라고 하는데, 둘 중 짧은 게 8하고 9 사이에 있고 긴 게 6에

가면 8시 30분이야. 긴 게 8에 가면 우리가 집에서 나가야 해.” 시계 보는 법을 알려줬습니다. 그날 이후로 웅이는 8시 30분에 가까워지면 괴물이 나타난 것처럼 “엄마, 6에 가고 있어! 서둘러야 해!” 소리칩니다.

몸은 바삐 움직여도 마음은 차분해야 합니다. 일어나기 싫다는 아이를 억지로 깨웠으니까요. 아이와 괜히 작은 일로 실랑이를 벌이게 되면, 내가 짜증 나거나 아이가 울거나 둘 중 하나로 끝납니다. 둘 다 바람직한 아침 풍경은 아닙니다. 짜증이 난 채로 출근해도, 아이를 울리고 출근해도 하루 종일 찝찝한 건 같습니다. 아침 시간만큼은 ‘평화로운 전쟁’을 해야 합니다.

그래서 집안일을 하고 출근 준비를 마치고 나서, 아이들을 깨우기 15분 전인 6시 45분에는 소파에 앉습니다. 지금부터 15분은 아무것도 하지 않는 시간입니다. 적극적으로 멍하니 앉아 커피를 홀짝홀짝 마십니다. 정신과 전문의인 정우열 원장이 제안한 ‘이완 요법’을 실천하는 중입니다. 이완 요법은 정신의학의 치료법 중 하나입니다. 몸과 마음이 연결되어 있기 때문에 몸이 긴장하면 마음도 불안해지고 몸을 이완시키면 마음도 편해진다는 원리를 이용한 치료법이라고 합니다. 마음의 여유가 필요할 때는 몸을 쉬게 하는 것이죠. 그래서 정 원장은 긴장되고 조급해질 때마다 몸을 쉬게 하라고 했습니다.

15분 멍하니 앉아 있을 바에야 15분 더 자는 게 낫지 않을까. 알람이 울릴 때 딱 1분만 더 자고 싶었거든요. 그래서 15분 더 자봤습니다. 가까스로 일어나는 건 같더군요.

일어나서 씻고 출근 준비와 아침밥 준비를 마치고 아이들을 깨우기 전에 15분 동안 앉아 있으니 한 박자 쉬어가는 느낌입니다. 전쟁을 잘 치르기 위한 첫 번째 작전 타임입니다.

두 번째 작전 타임은 퇴근해서 집에 도착하기 전까지입니다.

아침엔 긴장됐다면 저녁은 기진맥진합니다. "수고했어요. 푹 쉬고 내일 만나요." 동료들과 인사를 나누고 퇴근했지만, 모르시는 말씀. 워킹맘의 퇴근은 집으로의 출근입니다. 지금부터 아이들이 잠들 때까지 3시간은 하루 중 가장 '빡센' 시간입니다. 뛰다시피 집으로 돌아가 저녁을 먹이고 목욕을 시키고 집안을 정리하고 낮 시간 부족했던 사랑을 집중적으로 충전합니다. 그래서 오후 6시 반 퇴근 시간이 다가오면 오히려 스트레스 지수가 서서히 올라갑니다. 심리학자 미하이 칙센트미하이의 연구에 따르면 워킹맘들은 대부분 직장에 있는 시간인 한낮에 가장 행복하고(가장 여유롭기 때문일 겁니다), 퇴근 무렵에 기분이 최악이라고 답했습니다.

저녁이면 해가 지고, 하루의 피로가 몰려옵니다. 나른합니다. 아이들은 떼를 부리기 쉽고 저도 남편도 피곤해서 예민해집니다. 하지만 이 시간은 우리 네 가족이 모여 앉아 살 비빌 수 있는 유일한 때입니다. 좀 더 따뜻하고 행복했으면 좋겠습니다. 선배 워킹맘에게 팁을 물었습니다. "내 에너지가 충분해야 아이들에게 나눠줄 수 있어. 퇴근할 때 '해야 할 일' 말고 '하고 싶은 일'을 하면서 에너지를 충전해 봐."

하고 싶은 일. 조건은 있습니다. 퇴근하면서 할 수 있는 일이어야 합니다. 그렇다면 산책! 산책할 시간이 없는 게 늘 아쉬웠던 참입니다. 걷는 시간은 적지 않습니다. 아침에 웅이를 어린이집에 데려다주고, 어린이집부터 회사까지 가는 동안, 퇴근해서 집까지 오는 동안, 계속 걷습니다. 게다가 제가 사는 아파트 정문부터 지하철역까지는 공원으로 이어져 있습니다. 공원을 걸으면서도 산책으로 느끼지 못한 건, 쫓기듯 회사에 가고 달리듯 집으로 돌아오기 때문입니다.

퇴근하는 동안의 걷기를 산책으로 바꿉니다. 지금은 '퇴근 중'이 아니라 '산책 중'이라고 생각합니다. '아이들이 기다리니까 빨리 가야 되는데' 생각이 들지만, 그럴 때마다 오히려 걷는 속도를 늦춥니다. 나무가 있으면 나무를 보고, 꽃이 있으면 꽃을 보려고 노력합니다. 생각이 멈춰지지 않을 땐 음악을 듣습니다. 멜로디에 집중하려고 합니다. 평소보다 지친 날은 지하철역 한 정거장 먼저 내립니다. 조금 더 산책하고, 조금 더 충전합니다. 충전된 만큼 아이들에게 나눠줄 에너지가 더 생길 겁니다. 5분, 10분 늦게 집에 도착해도 괜찮습니다. 늦는 게 아니라 전력을 보강하는 것이니까요.

시간,
아직도
부족하다

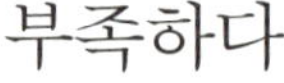

"선배는 오후 5시가 경계예요." "무슨 경계?"
"5시가 넘으면 뭔가 나사가 하나 빠진 느낌이라고 할까. 아무튼 오전
하고는 달라요." 그런가? 오후 5시가 경계인지는 모르겠지만 오전과
오후가 다르긴 합니다. 엄마가 되기 전에는 에너자이저였습니다. 아
무리 피곤해도 자고 일어나면 다음 날에는 에너지 100% 충전 완료.
하루 종일 바쁘게 움직여도 에너지가 남았습니다.

엄마가 되니 (나이가 들어서일 수도 있습니다!) 자고 일어나도 개운
치가 않습니다. 침대에서 내려가 땅에 두 발을 내딛는 순간 '아이구'
소리가 절로 납니다.

두 아이의 엄마이자 직장인인 지금은, 자고 일어나도 피곤합니다.

잠이 깨지 않습니다. 아침식사는 거를 수 있지만 아침 커피는 챙겨야 합니다. 밤새 충전한 에너지는 반나절이 지나면 방전됩니다. 퇴근할 무렵 이미 기력이 달립니다. 집에 가면 아이들이 달려들겠지, 서랍 속에 넣어둔 초콜릿을 입에 물고 사무실을 나섭니다.

할 일을 줄이고 줄였건만 하루 24시간은 여전히 부족합니다. 이제 남은 방법은 하나입니다. 깨어 있는 동안 빠릿빠릿 움직이기.

"선배, 나랑 내기해요. 내가 이 보고서를 오늘 퇴근하기 전까지 다 볼게요. 진짜 다 보면 선배가 내일 점심 사고, 못 보면 내가 살게요." 200페이지짜리 영문 보고서를 들고 제안했습니다. 선배는 자신합니다. "사람 집중력에는 한계가 있어. 끝까지 못 봐."

자신 있었는데, 할 수 있을 줄 알았는데, 다음 날 점심에 커피까지 샀습니다. "할 일은 많은데 시간은 부족해요. 빠릿빠릿 움직이면 낫지 않을까 싶었는데, 마음만 앞서네요." 하는 제 푸념에 선배는 "누구나 낼 수 있는 에너지 총량은 비슷해. 에너지를 잘 배분해서 현명하게 써야 하루를 효율적으로 보낼 수 있어. 마구잡이로 덤벼들면 빨리 지치기만 해."라고 합니다.

게다가 엄마이자 직장인인 우리의 시간은 다른 이들의 시간과 다릅니다. 아이를 업고 청소를 합니다. 출근하면서 장을 봅니다. 일을 하면서 어린이집 선생님과 통화를 하고 저녁 메뉴를 생각합니다. 칙센트미하이의 연구 결과에 따르면 엄마들은 한 번에 5가지 정도의 일을 합니다. '노동 밀도'가 높습니다. 에너지 소모가 많을 수밖에 없습니다.

"일을 할 때 가장 중요한 건 그 일을 하는 너야. 할 일에 끌려다니지 말고 할 일에 너를 나눠준다고 생각해봐." 선배의 말이 귓가에 맴돕니다. 나를 할 일에 나눠준다. 항상 '할 일이 갑, 내가 을'이라고 생각했는데, 쌓여 있는 할 일 앞에 죄인이었는데 '내가 갑, 할 일이 을'이라고 생각하라는 겁니다.

힉스의 '에너지 보존 전략'이 떠오릅니다. 하루가 끝나기 전에 이미 에너지가 방전된다는 말에 의사 선생님이 조언해주셨습니다. (에너지 보존 전략은 만성 피로 증후군을 겪고 있는 분들에게 추천하는 방법입니다만, 매일 피곤한 워킹맘에게도 적응점을 찾을 수 있습니다.)

보통 사람들은 중요한 일이나 깊이 생각해야 할 일들을 뒤로 미루고, 쉽고 간단한 일을 먼저 한다고 합니다. 하지만 가장 기운이 남아 있을 때 가장 중요한 일을 하고, 덜 중요한 일은 나중으로 미루는 게 맞습니다. 오전에는 중요한 일, 머리를 써야 하는 일을 하고 오후에는 반복적인 일, 몸을 움직이는 일을 하는 것이 효율적입니다.

저는 아침에 일어나서 샤워할 때 가장 반짝합니다. 아무리 생각해도 해결법이 보이지 않았던 일들이 툭 풀릴 때가 많습니다. 주로 이

시간에 하루 일과를 계획하곤 했는데, 반복되는 일과를 계획하는 것 보다는 보고서를 풀어낼 방향, 새로운 아이디어를 생각하는 편이 낫 겠습니다.

★ 일을 할 때 속도를 조절한다

일을 너무 빨리 하려고 하지 않습니다. 일을 몰아서 하지 말고 하루 중에 여유 있게 시간 분배를 합니다. 일을 하는 중간 중간에 짧은 휴식을 취하도록 합니다.

우리 팀 후배가 이거 참 잘합니다. 일에 집중하고 있다가 갑자기 탁 일어서서 "커피 한잔 하고 올게요." 합니다. 금세 돌아와 다시 집중합니다. 일할 때 리듬을 타는 것 같습니다. "잘 드시고 오세요~"라고만 했었는데 따라 해봐야겠습니다.

★ 효율적으로 일한다

일을 효율적으로 하도록 노력합니다. 움직임을 최소화하는 동선을 마련합니다.

옷장 배치를 바꿔야겠습니다. 지금은 웅이 옷장, 결이 옷장이 따로 있습니다. 두 녀석 같이 목욕시킨 날엔 이 옷장 갔다가 저 옷장 가서 옷을 꺼내오지요. 아침 등원 준비를 할 때도 마찬가지로 웅이 옷장 가서 웅이 옷 꺼내오고 결이 옷장 가서 결이 옷 꺼내옵니다. 아예 내복끼리 외출복끼리 한데 모아놓습니다. 이 옷장 저 옷장 다닐 일이 사라졌습니다.

결이는 근대된장국을 좋아합니다. 한 주에 한 번 근대를 사고 데쳐서 국을 끓입니다. 냉동실을 이용해봅니다. 장을 볼 때 서너 번 끓일 분량을 한꺼번에 사고, 한꺼번에 데친 뒤 지금 끓일 것만 두고 나머지는 소분해서 냉동합니다. 다음번엔 냉동실에서 꺼내 국을 끓이기만 하면 됩니다.

음식을 조리할 때 서서 일하는 것이 앉아서 일할 때보다 에너지를 25% 더 소비한다고 합니다. 효율적인 자세로 일을 하면 에너지 낭비를 줄일 수 있다는 것이지요.

이 말이 이상하게도 저에겐 마음가짐으로 읽혔습니다. 그렇지 않아도 힘든 워킹맘 생활, 부정적인 생각과 걱정으로 괜한 에너지를 낭비하지 말라는 말로 들렸습니다. 진짜 걱정해야 할 일만 걱정하고, 괜히 불안해하지 말고, 내가 일을 하지 않았다면 어땠을까 심란해하지 않기. 내가 선택한 이 길이 옳다고 믿고, 옳게 만들어가기. 어느 드라마의 대사처럼 내 선택에 물음표 말고 느낌표 던지기. 그게 지금 내 위치에서 갖춰야 할 적절한 자세인 것 같습니다.

4

워킹맘표

애착 육아

울 엄마
같은 엄마

'쭈꾸미랑 삼겹살 빨갛게 양념해서 넣어놨어. 야채도 다 씻어서 냉장고 야채칸에 넣었고. 버섯도 손질한 거니까 볶아서 먹기만 해. 오늘 꼭 먹어라.'

퇴근길에 문자가 옵니다. 엄마입니다. 차로 30분 이상 걸리는 곳은 웬만하면 나서지 않는 엄마인데, 제가 복직한 뒤로는 '서울 사는 작은딸네 집'에 가끔 오십니다. 다 큰 딸이 밥은 잘해 먹고 사는지, 엄마가 일한다고 손자 손녀 꾀죄죄한 건 아닌지 하는 걱정 때문입니다. "엄마 바쁘잖아. 피곤해. 오지 마." 말려도 "콧구멍에 바람 넣고 싶어서 그러지." 하십니다. 오늘도 그랬습니다. 콧구멍에 바람만 넣을 것이지, 딸내미 좋아하는 반찬을 바리바리 싸들고 오셨습니다. "알아서 잘해 먹고 사는데 뭘 그런 걸 해왔어." 답을 보냈지만 속으로는 '빨리 가서 엄마 밥 먹어야지!' 신이 납니다.

집에 도착해 프라이팬을 불에 올리고, 냉장고를 열었습니다. 어? 아침까지 텅 비어 있었는데, 반찬에 과일에 홍삼까지. 눈을 돌리는 곳마다 엄마가 두고 간 '보물'로 가득 찼습니다. 친정아빠가 보셨으면 "저 마누라, 집을 통째로 딸내미 가져다 준다" 하셨을 겁니다.

으이구, 누가 우리 엄마 아니랄까 봐…. 고맙기도 하고 죄송스럽기도 합니다. 나는 무슨 복이 있어서 우리 엄마 딸로 태어났나 싶어집니다. 감사한 만큼 웅이 결이에겐 미안합니다. 전업맘 밑에서 자라며 내가 받은 걸, 워킹맘인 전 웅이 결이에게 못 해주고 있으니까요. 어렸을 땐 엄마 앞에서 "내가 나중에 엄마 되면, 지금 엄마한테 받은 거 다 내 자식들한테 똑같이 해줄 거야" 다짐했었는데, 지금 저는 반? 반의반? 반의반의반의반에도 미치지 못합니다.

복직 초기엔 '울 엄마 같은 엄마'가 될 수 없는 상황 자체가 스트레스였습니다. "난 이렇게 좋은 엄마가 있어서 행복한데 우리 웅이 결이는 어쩌지, 나 같은 엄마 만나서…." 푸념했던 날, 엄마는 그랬습니다. "엄마란 무조건 좋은 거야. 걱정 마." 그 말을 믿습니다. 울 엄마가 한 말이니까요. 엄마의 말은 (거짓말이어도) 믿는 게 남는 겁니다. 그래서 울 엄마 믿고, 엄마 자식으로 자라며 배운 '엄마 노릇'을 워킹맘의 방식으로 풀어보려고 합니다.

항상 엄마가 곁에 있어 좋았습니다. "학교 다녀올게" 인사하고 가다 돌아보면 엄마는 그 자리에 그대로 있었습니다. "엄마, 들어가. 나갔다 올게." 손을 흔들고 횡단보도를 건너서 돌아보면 엄마는 또 있었습니다. 내 눈에 엄마가 보이지 않을 때까지 계속 있었습니다. 힘들어서 울고 싶을 땐 엄마 품이 있었습니다. 아무 때나 손을 내밀면 엄마가 잡아줬습니다.

엄마는 모르는 게 없었습니다. 어렸을 땐 궁금한 게 생기면 항상 엄마한테 물었습니다. (틀린 답도 많았겠지만) '엄마 답'을 듣고 자랐습니다. 점점 지라 엄마보다 내가 아는 게 많아졌을 때도 엄마는 자식에 대해 모르는 게 없었습니다. 침대에 누워서도 거실을 오가는 발소리만 듣고 그게 언니인지 저인지 남동생인지 구분할 정도였습니다. "엄마, 나 얘랑 헤어질까? 처음엔 좋았는데 이젠 아닌 것 같아." 1부터 10까지 전부 말하지 않고 5나 6까지만 말해도 엄마는 다 알아들었습니다. "엄만 어떻게 알아?" 물으면 "내 속으로 낳았는데 어째 모르겠냐" 하셨습니다. 자식 겉만 낳지 속까지 낳진 않는다고들 합니다. 아무리 자식이지만 저절로 알게 될 리 없습니다. 그만큼 관심이 있다는 뜻입니다.

워킹맘인 저는 아이들 곁에 항상 있을 수 없습니다. 짧지만 함께 있는 시간 동안 진하게 사랑하려고 합니다. 아이의 모든 순간을 내 눈에 담을 순 없지만 대신 내 아이를 본 사람들에게 많이 들으려 합니다. 몸은 떨어져 있지만 마음은 떨어지지 않습니다. 1분이라도 더 오래 아이와 함께하려고 합니다. 엄마는 회사에 가지만, 엄마가 세상에서 가장 사랑하는 건 웅이 결이라고 거듭 말해줍니다.

아침,
하루를
좌우한다

5분 예고제로 평화 협정

　　매일 아침 전쟁입니다. 평화로운 아침을 꿈꾸지만 매번 꿈으로 그칩니다. 새벽부터 일어나 아침밥을 준비했는데 아이들은 입맛이 없는 건지 놀고 싶은 건지 밥에는 관심이 없는 날이 태반. 꼭 나갈 때가 되면 예쁘게 앉아 책을 읽습니다. 얼마나 집중했는지 입이 한 치는 나왔습니다. 시간 여유가 있으면 사진으로 담아 두고 싶은 순간이지만 지금은 속이 탈 뿐입니다. 결국 "너는 왜 꼭 양치질할 시간에 책을 읽어. 이 청개구리야!" 볼을 아프지 않게 꼬집으며 한마디 합니다. 웅이는 엄마의 '진심 어린 장난'에 흐흐흐 웃어주네요.

아, 평화롭고 싶습니다. 출근길 기분 좋게 헤어져야 마음이 편합니다. 소리라도 지른 날엔 하루 종일 가시방석입니다. 충분히 달래줄 수 없다면 화내지 말자, 다짐하지만 오늘도 또 화를 냈습니다. 화 좀 안 낼 수 없을까요.

"엄마, 나 조금만 더 먹으면 안 돼?" "엄마, 나 이것만 완성하면 안 돼?" "엄마, 나 이 책만 다 읽으면 안 될까?"

생각해보니 제가 "이제 그만"이라고 할 때 웅이는 "조금만 더"라고 합니다. 저는 최대한 기다리다 "이제 그만"이라고 하는데 웅이는 제가 오래 기다렸다는 것을 모릅니다. "이제 그만"이 웅이에게 급작스러운 것 같습니다. 엄마의 시계를 5분 앞당겨봅니다.

"이제 그만" 대신, "웅아, 5분 뒤에 양치질하자" 합니다. 웅이가 순순히 "네~" 대답하네요. 조금 기다렸다가 "5분 지났네" 하니 웅이는 "벌써?" 아쉬워하지만 순순히 칫솔을 잡습니다. 읽던 책을 끝까지 읽지 못한 건 똑같은데 "5분 뒤에 양치질하자"고 예고를 했더니 웅이가 일어납니다. 신기합니다. 물론 '5분 예고제'에도 불구하고 말을 듣지 않을 때도 있습니다. 그럴 땐 그냥 웅이를 안고 세면대 앞에 세웁니다. 끝까지 말로 설득하면 좋겠지만 웅이는 아직 5살. 어립니다. 소아정신과 전문의 오은영 박사는 웅이 또래의 아이들은 "언어적 개념이 아직 잘 발달하지 않아서 말귀는 알아들어도 이것이 무엇을 의미하고 자신이 그다음에 어떻게 행동해야 하는지를 바로 연결시키지 못

하는 경우가 많다. 따라서 지침을 지키지 않으면 행동으로 보여주어야 한다."고 말합니다.

'5분 예고제'는 아이들과 놀 때도 효과적입니다. 오르락내리락 '몸 엘리베이터'를 태워주던 남편의 숨소리가 거칠어집니다.

"이제 그만." "더 타고 싶어요. 계속 해줘요." "아빠 힘들어. 더 못하겠어. 다음에 또 하자." "싫어요, 더 타고 싶단 말이에요."

둘 다 울상입니다. 남편 옆을 지나가며 슬쩍 말합니다. "마지막이라고 말하고 한 번만 더 태워줘. 그럼 더 해달라고 조르지 않을 거야."

반신반의하던 남편은 "그래, 한 번만 더 하자. 이번이 마지막이야." 합니다. "네!" 마지막으로 한 번 더 엘리베이터를 탄 웅이는 떼쓰지 않았습니다.

가급적 화내지 않으려고 합니다. 그렇지 않아도 부족한 시간, 화내며 낭비하고 싶지 않습니다. 참는 데도 한계가 있습니다. 참는 게 능사도 아닙니다. '화내지 말자' 꾹꾹 참아도 아이 눈엔 엄마 아빠가 화를 참고 있는 게 보일 겁니다. 나는 화를 참을 게 아니라, 화가 날 일 자체를 줄여야 합니다.

출근, 도망가지 않기

하루 중 가장 마음 아픈 시간, 두말할 것 없습니다. 출근 시간입니다. 이 시간만큼은 '조금 형아'인 웅이도 '아직 아기'인 결이도 엄마랑 떨어지고 싶지 않을 뿐입니다.

"엄마, 밤에 봐. 사랑해!" 씩씩하게 어린이집에 들어가는 웅이지만 일주일에 한 번 정도는 아침에 눈 뜨자마자 "엄마, 오늘 무슨 요일이야?" 묻습니다. "수요일이지" 답하면 "엄마, 회사 안 가면 안 돼?" 슬픈 고양이 눈이 됩니다. 그런 날은 어린이집 앞에서도 등원 인사가 길어집니다.

그래도 웅이 15개월 때와 비교하면 요즘 아침 출근 인사는 식은 죽 먹기입니다. 눈물범벅 콧물 범벅, 온몸으로 우는 아이를 뒤로하

고 집을 나설 때는 후회했습니다. '차라리 몰래 출근할걸. 좋아하는 장난감 쥐여주고 정신없이 놀 때 슬쩍 집을 나오면 울지 않았을 텐데….' 곤히 자는 아이 깨워서 "엄마 다녀올게. 밤에 봐." 인사할 때면 인사를 하려고 깨우는 건지, 울리려고 깨우는 건지 헷갈렸습니다.

쉽지 않았습니다. 아이들은 돌이 지나고부터 엄마와 본격적인 애착관계를 형성해 18개월에 '엄마 껌딱지' 지수가 절정에 이른다고 합니다. 이 시기 아이들은 기고 걷는 기동력까지 갖추고 엄마만 졸졸 따라다니지요. 설거지를 하면 다리 사이로 파고들고 화장실에 가면 문을 두드리며 꺼이꺼이 웁니다. 그래서 출근 인사는 더 중요합니다. 엄마는 출근하지만 꼭 돌아온다고 확실히 알려줘야 합니다. 아이가 장난감에 정신이 팔려 있을 때나 잠잘 때 몰래 나오는 식의 헤어짐이 반복되면 아이는 언제 엄마가 사라질지 모른다 여겨 놀면서도 자면

서도 불안해합니다. 전문가들은 아이가 자고 있더라도 깨워서 출근 인사를 하라고 조언합니다.

출근 인사에도 요령이 있습니다. "서둘지 않으면 늦겠어. 엄마는 이제 가야 해. 넌 이모님과 있어야 해." 의무를 강조하는 인사는 아이에게 통하지 않습니다. "엄마는 일하러 갈 거야. 너랑 함께 있으면 행복하지만 엄마에겐 일하는 것도 아주 중요해. 엄마가 없는 동안 너도 재밌는 하루를 보내고, 우리 밤에 다시 만나서 낮 동안 있었던 일을 이야기하자." 이유를 설명하는 편이 효과적입니다.

아이가 울어 속상하지요. 그러나 아이가 우는 건 당연합니다. 엄마와 떨어지니까요. 엄마인 내가 할 일은 충분히 설명하고 아이의 속상한 마음을 받아주는 것입니다.

언제까지 받아줘야 할까요. 찾아보니 전문가 의견도 나뉩니다. 아이가 울고 떼쓰는 것도 스트레스를 푸는 방법 중 하나이니 울음을 그칠 때까지 기다리는 것이 좋다. 그러려면 출근 인사에 최소 15분을 쓰는 것이 좋다는 입장. 반면 다른 쪽에서는 충분히 설명한 뒤에도 아이가 울면 단호히 집을 나서라고 합니다. 내가 계속 울면 엄마가 집을 나서는 것이 지체된다는 것을 알면 아이는 엄마를 붙잡으려고 계속 운다는 것입니다.

웅이는 울음 끝이 길었습니다. 제가 집을 나서야 울음을 그쳤습니다. 그래서 전 후자를 따랐습니다. 웅이가 울어도 집을 나섰습니다.

그 대신 제가 나간 뒤에 웅이가 가장 좋아하는 간식을 주거나, 뽀로로 한 편을 보여줬습니다. 기분 전환용 '뇌물'로요. 가끔은 놀이터에 같이 나가 출근 인사를 하기도 했습니다. 놀이터에서 웅이는 집에서보다 쉽게 손을 흔들어줬습니다. 엄마는 떠났고 나는 남겨졌다는 느낌이 덜해서 그러지 않았을까요.

아침마다 울고불고 매달리는 결이를 보면 웅이 어렸을 때 생각이 납니다. 요즘 웅이는 "엄마, 밤에 봐. 사랑해~." 하고 웃으며 손을 흔들어줍니다. 결이가 울면 "괜찮아. 엄마 밤에 올 거야. 오빠가 지켜줄게." 달래주기도 합니다. 웅이 녀석, 결이만 할 때 더 많이 울었는데 올챙이 적을 생각하지 못합니다.

결이는 울지만, 저는 웃으며 부드럽고 단호한 어투로 인사합니다. (출근 인사를 할 땐 엄마의 표정과 분위기도 중요합니다. 아이가 아직 말을 완벽히 알아듣지 못하니 표정으로도 이야기하는 겁니다.) "결아, 엄마 회사 가서 일 열심히 하고 얼른 올게. 결이는 이모님하고 재밌게 놀다가 저녁 맛있게 먹고 엄마랑 밤에 만나자. 사랑해."

힘차게 손을 흔들고 집을 나섰습니다. 현관문 밖으로 결이 울음소리가 들리지만, 곧 그칠 겁니다. 오늘보다 하루 더 자란 내일은 오늘보다 덜 울 겁니다. 그러길 바랍니다.

꽉 차게
사랑하기

젖떼기를 미루다

아이를 두 번 낳았고, 출산휴가를 두 번 썼고 육
아휴직도 두 번 했습니다. 복직도 두 번 했습니다. 복직할 때마다 같
은 질문을 (같은 순서로) 받았습니다. 첫 번째는 "아기는 누가 봐줘?"
다음은 "젖은 뗐지?"

두 번 다 답은 같았습니다. "아이는 베이비시터가 봐주시고, 젖은
아직 안 뗐어요." 돌아오는 답도 같았습니다. "15개월 지났잖아. 이제
그만 먹여도 될 것 같은데…."

네. 그만 먹여도 됩니다. 웅이 복직을 앞두고 젖을 떼려고도 했었

습니다. 그런데 쉽지 않습니다. 복직하기 전, 시터 이모님과의 적응 기간 동안 웅이는 잘 놀고 잘 지내는 것 같으면서도 스트레스를 받았습니다. 평소보다 더 자주 제 품에 파고들었고, 젖도 더 자주 찾았습니다. 웅이는 이유식도 잘 먹고 간식도 잘 먹었습니다. 모유가 주식이 아닌 간식이 된 지는 이미 오래였습니다. 그런 웅이가 젖을 달라는 건 배가 고파서가 아닙니다. 엄마가 고프다는 뜻입니다. 그렇지 않아도 시터와 적응하느라 스트레스 받는 아이, 젖을 떼는 스트레스까지 얹어줘야 하나, 망설여졌습니다.

전문가들은 복직과 젖떼기는 동시에 하지 말라고 조언합니다. 젖을 떼면 아이들은 약간의 분리불안이 생기는데 엄마와 떨어질 때도 분리불안이 생깁니다. 복직과 젖떼기를 동시에 하면, 아이는 이중으로 스트레스에 시달리게 됩니다. 복직하기 전 충분한 시간을 두고 젖을 떼거나, 복직하고 아이가 완벽히 적응한 뒤에 젖을 떼는 것이 좋습니다. 전문가들은 후자를 추천합니다. 엄마의 복직으로 인한 스트레스를 모유 수유로 풀어주라는 겁니다. 아이는 엄마 품에 안겨 젖을 먹으며 낮 시간 동안 약해졌던 애착을 빠르고 강하게 회복합니다.

아기가 6개월이 지나면 모유의 영양가는 떨어지지만 돌이 지나며 면역 성분이 많아진다는 연구 결과도 있습니다. 아기가 돌이 지나면, 외부에 노출되는 횟수가 많아지고 감염 가능성이 높아집니다. 덩달아 아이를 보호하려는 엄마의 본능도 커지며 모유 안의 면역 성분이

증가한다는 것입니다. 엄마가 복직하면 건강하던 아기들도 병치레를 합니다. 모유는 훌륭한 영양제가 될 수 있습니다.

그래서 젖떼기를 미뤘습니다. 비록 복직하기 전처럼 젖을 물리지는 못하지만 집에 있을 때는 아이가 원할 때마다 수유했습니다. 주로 출근하기 전 수유하며 "젖을 다 먹으면 엄마는 회사에 갈 거야. 쭈쭈는 밤에 다시 만나자." 인사를 했고 퇴근하면 가장 먼저 수유부터 했습니다.

웅이는 제가 복직하고 한동안 곤두서 있었습니다. 이유 없는 칭얼거림과 짜증이 늘었습니다. 퇴근하자마자 젖을 내놓으라고 보챘습니다. 시간이 지나며 젖을 찾는 횟수는 줄었습니다. 아, 적응하고 있구나. 그러면서 제 마음도 편해졌습니다.

엄마인 저에게도 행복한 시간이었습니다. 복직 초기에는 회사에서도 젖이 돌아 아프고, 뒤늦게 젖몸살에 걸리기도 했지만 수유 패턴에 맞춰 젖량도 줄었습니다. 웅이가 젖을 물고 눈을 찡긋할 때면 회사에서 쌓인 스트레스를 잠시 잊을 수 있었습니다.

그렇게 웅이는 26개월까지 모유를 먹었습니다. 결이를 임신했을 때도 젖을 떼지 않았습니다. 웅이가 젖을 찾을 때마다 뱃속 결이에게 영양이 덜 가는 건 아닐까, 결이가 잘못되는 건 아닌가 걱정스러웠습니다. 의사 선생님은 배가 심하게 아프거나 하혈을 하지 않는다면 수유를 계속해도 괜찮다고 하셨습니다. 또 "임신 12주가 지나면 모유의 성분이 바뀌고 맛도 달라집니다. 그래서 스스로 젖을 멀리하는 아이들이 많으니 지켜보세요."라고 하셨습니다. 둘째가 태어나고 모유 수유를 할 때 첫째가 질투를 하면 첫째에게도 수유해도 된다고 하십니다. 단, 첫째에게 '동생이 배불리 먹고 난 뒤가 네 차례'라는 것만 알려주면 된답니다. 동생이 생긴 걸 본능적으로 감지했는지 유독 칭얼거림이 심했던 시기에 웅이는 또 모유 수유로 위로받았습니다.

결이도 저의 복직과 상관없이 모유를 쭉 먹었습니다. 달력을 찾아보니 만 17개월 23일이 되던 날 젖을 뗐더군요. 둘째라 그런가, 엄마의 출근에도 오빠보다 더 빨리 적응하더니 젖도 오빠보다 빨리 뗐습니다.

합치면 모유 수유만 43개월입니다. 그 덕분에(!) 가슴은 흔적기관이 되었지만, 이것도 훈장이다 생각합니다. (복직하기 전 찾은 속옷 매장 직원이 "모유를 끊으면 가슴에 지방이 서서히 차면서 3개월 뒤에는 예전 모습으로 돌아간다"고 단언했지만, 전혀 회복되지 않았습니다! 오히려 더 퇴화하는 것 같습니다. 남편은 가끔 그럽니다. "너희들은 아빠에게서 너무 많은 걸 빼앗아갔어. ㅠㅠ")

"엄마, 우리 책 읽자." 웅이가 공룡대백과를 들고 옵니다. "티라노 사우루스는 몸길이가 15미터…." "엄마, 뽀요여(뽀로로)." 공룡대백과 위로 뽀로로 책이 탁. 결이도 책을 읽어달랍니다. "야! 오빠가 먼저 보고 있었잖아. 저리 가!" "그래, 결아. 오빠 먼저 읽고 있었으니까 이 거 다 읽고 결이 책 읽어줄게. 차례차례. 알겠지?"

말귀를 못 알아듣는 건지, 고집인지 결이는 양보하지 않습니다. 공룡대백과 위로 뽀로로, 뽀로로 위로 공룡대백과, 웅이와 결이는 자기 가 고른 책을 서로 위로 올리며 대치합니다. 결국 공룡대백과 한 쪽 뽀로로 한 쪽, 책 두 권을 나란히 두고 한 쪽씩 번갈아 읽어줍니다.

갑자기 웅이가 벌떡 일어나더니 레고 블록을 가지고 옵니다. 결이 는 점토 놀이를 들고 옵니다. 레고를 조립하다가 점토로 코끼리를 만 들다가, 결국은 점토에 레고 찍기. 두 살 터울 남매와 동시에 놀다 보 면 끝은 언제나 '콜라보'입니다.

아, 정신없습니다. 혼이 쏙 빠진 어느 날, "그냥 너희 둘이 엄마를 잘라서 나눠 가져. 그게 낫겠다." 눈을 감아버렸습니다. "그래, 그럼 칼 가지고 올게!" 웅이가 달려갑니다. 결이도 달려갑니다. 솔로몬왕 의 지혜를 빌렸건만… 실패입니다. 끙.

"엄마는 침대로 갈래. 너희 둘이 놀아." 침대로 도망갔더니 쫄래

퇴근한 엄마를
양보할 수 없습니다.
하루 30분 몸놀이는
엄마 에너지
'쾌속 충전기'입니다.

쫄래 따라옵니다. 자는 척했습니다. 두 녀석이 합심해서 괴롭히네요. "간지러워, 하지 마!" "엄마도 공격한다!" 어? 웅이 결이가 싸우지 않습니다. 서로를 바라보며 웃고 있습니다. 엄마가 장난감이 되니 평화롭습니다. 그때부터였습니다. 웅이도 엄마, 결이도 엄마랑 놀겠다고 하면 "그럼 침대로 와!" 앞장섭니다. 침대엔 장난감이 없으니 서로 내 장난감으로 놀자고 싸우지 않습니다. 몸으로만 놀게 됩니다. 엄마 비행기를 타고, 레슬링을 하고, 뒹굴고 뛰고 넘어져도 침대 위니 다칠 걱정도 없습니다. 층간소음 신경 쓰지 않아도 됩니다. 몸놀이를 하면 자연스럽게 스킨십을 하게 되지요. 스킨십은 애착 호르몬인 옥시토신 분비를 촉진합니다. 옥시토신이 분비되면 아이와 엄마의 유대감이 강화되고 안정적인 애착 상태로 이어집니다. 몸 움직일 기회가 적은 '사무직' 엄마에게는 훌륭한 운동시간이기도 합니다.

너무 피곤해서 손 하나 까딱하고 싶지 않을 때는 제 몸을 놀이터로 내줍니다. 동물 스티커를 한 장씩 웅이 결이에게 나눠줍니다. "이제부터 엄마가 동물원이야. 엄마 다리에는 덩치가 큰 동물이 살고, 엄마 배에는 조그만 동물들이 살아. 웅이 결이가 이 스티커에 있는 동물들을 엄마 동물원에 이사 올 수 있게 도와주세요." 두 녀석은 집중해서 제 온몸에 스티커를 붙입니다. 제가 슬쩍 움직이면 웅이 녀석은 "엄마! 동물원이 움직이면 동물들이 머리 아파!" 화까지 냅니다. 꼼짝없이 누워 있습니다. 다 붙이면 "코끼리 친구가 심심해서 기린한테 놀러 가고 싶대.” “기린아, 안녕? 난 코끼리야.” 역할 놀이를 합니다.

아이가 둘이라 몸놀이는 더 효과적입니다. 퇴근하고 집에 들어서는 순간 웅이 결이가 동시에 제 품으로 달려들거든요. 아빠에게 한 명, 엄마에게 한 명, 이렇게 안기면 좋으련만 두 아이는 제 품만 고집합니다. 공룡대백과와 뽀로로를 한 쪽씩 번갈아가며 읽다가 “아빠랑 책 읽자.” 웅이를 아빠한테 보내려고도 해봤고, “그럼 결이가 아빠랑 읽을까?” 결이를 보내려고도 해봤지만 둘 다 싫다고 버틸 뿐이었습니다.

신기한 건 두 아이가 저와 몸으로 30분 정도 놀면 스스로 아빠에게 간다는 겁니다. 제가 집안일을 해도 ‘나랑 놀자’ 보채지 않습니다. 배가 많이 고플 땐 정신없이 밥을 먹다가 어느 정도 배가 부르면 ‘아, 이제 세상이 좀 보이네’ 하며 배 두드리는 것처럼, 엄마가 고픈 아이들도 그런가 봅니다. 퇴근한 엄마를 양보할 수 없습니다. 엄마 에너지가 어느 정도 충전될 때까지는 엄마 냄새를 맡아야 합니다. 그럴 때 몸놀이는 ‘쾌속 충전기’가 됩니다.

휴대전화와 멀어지기

“엄마, 뭐 해?” “웅이 과자 주문하지.” “우와, 많이 사줘!” “알았어.

빨리 할게. 웅이는 자고 있어.” 잠시 후. “엄마, 아직도 과자 사?” “응! 여기 웅이가 좋아하는 과자가 없어서 다른 데서 사려고. 조금만 기 다려.”

또 거짓말을 하고 말았습니다. 웅이 결이를 재우며 자장가를 부르 다가 나도 모르게 휴대전화에 손이 갔습니다. 입으로는 자장가를 부 르면서 눈과 손은 휴대전화을 보고 있습니다. 살짝 눈을 감았던 웅이 가 알아챘습니다. “엄마 뭐 해?” 처음 들켰을 땐 “아무것도 아니야” 하 고 휴대전화를 덮었는데, 요즘엔 당당하게 “과자 주문하지” 합니다.

휴대전화라는 녀석, 진짜 정말 이상합니다. 봐도 봐도 계속 보게 됩니다. 방금 내려놨는데 또 들고 있습니다. 어찌 보면 웅이 결이랑 똑같습니다. 봐도 봐도 계속 보고 싶고, 볼 때마다 새롭습니다. 수시 로 생각납니다. 행여 다칠까 봐 조심조심 다뤄야 하는 것마저 똑같습 니다. 그런데 둘은 가까이 두면 안 됩니다. 웅이 결이를 가까이 하려 면 휴대전화는 멀리해야 합니다.

퇴근해서 아이들을 보면 힘이 납니다. 더 솔직하게 말할까요? 잠 깐은 힘이 나고, 조금 지나면 힘을 ‘냅니다’. 새벽부터 일어나 전쟁 같은 아침을 보내고 출근해서 일하고 퇴근했으니 이미 하루 에너지 를 거의 다 사용하고 말았습니다. 하물며 기계인 휴대전화도 배터리 가 20% 미만으로 내려가면 ‘저전력 모드로 바꾸시겠습니까’ 물어보 는데, 엄마 사람은 퇴근 후 ‘저전력 모드’로 바꿀 수 없습니다. 에너

지가 언제나 충분히 충전된 양 아이들과 놀아야지요. '고전력 모드'
인 척하는 '저전력 모드' 엄마 사람은 손가락 하나 움직이면 즉각 즐
거움을 안겨주는 휴대전화를 만지며 쉬고만 싶습니다.

참 웃기지요. 사회학자 지그문트 바우만은 이렇게 말했습니다.
"휴대폰은 서로 떨어져 있는 사람들이 접촉할 수 있도록 해준다. 휴
대폰은 접촉하고 있는 사람들이 따로 떨어져 있을 수 있도록 해준
다." 회사에서는 아이들이 보고 싶어 휴대전화 사진첩을 뒤적이고
퇴근해서는 아이들이 옆에 있는데 휴대전화로 딴짓을 하는 저를 봤
나 봅니다. 미국의 비영리단체 '커먼 센스 미디어'의 조사 결과, 부모
의 77%는 휴대전화에 빠진 아이들 때문에 가족 시간을 방해받는다
고 답했습니다. 청소년의 41%도 휴대전화를 들여다보는 부모가 원
인이라고 답했습니다.

그래서 어떻게 했느냐고요? 휴대전화를 눈앞에서 치우기로 했습
니다. 눈에 보이면 더 하고 싶으니 아예 퇴근해서 신발을 벗으며 현
관 옆 협탁에 휴대전화를 올려놓기로 했습니다. "아이들과 있을 땐
몸도 마음도 '진짜' 아이들과 있어라"라는 조언을 실천합니다.

하지만 저는 엄마인 동시에 직장인입니다. 휴대전화에서 알림음
이 울릴 때마다 내 안의 직장인이 "중요한 일일지도 몰라. 어서 메시
지를 확인해!" 외칩니다. 2015년 취업포털 '사람인'의 설문조사에 따
르면 직장인 10명 중 8명은 퇴근 후 모바일 메신저로 연락을 받은 적

이 있다고 답했습니다. 10명 중 6명은 업무 시간이 아니더라도 연락을 '무조건 받는다'고 답했습니다. 칼퇴근한 것도 눈치 보이는데 메시지 확인도 늦으면 더 눈치 보입니다. 1시간에 한 번, 한꺼번에 확인합니다.

두 번째 이유. 휴대전화에 아이들을 뺏기기 싫습니다. 제가 휴대전화를 볼 때 "엄마, 뭐 해?" 웅이가 묻는 것은 "엄마, 왜 나랑 안 놀아줘요!" 하는 질책이 아니라 사실 "나도 휴대전화로 놀고 싶어요"일지도 모릅니다. 휴대전화 화면을 몇 번 누르면 뽀로로 동영상이 나오고 고양이에게 밥을 주는 게임을 할 수 있다는 건 어린 결이도 알고 있기 때문입니다. 아이들 또한 휴대전화가 눈에 보이지 않으면 찾지 않습니다.

그리고 마지막 이유. 휴대전화를 손에서 놓지 못하고 아이들에게 소홀하면 나중에 웅이 결이가 "엄마도 나랑 안 놀아주고 휴대전화만 했잖아! 엄마도 혼자 놀아!" 할지도 모릅니다. 생각만 해도 아찔합니다.

1분 모아
10분,
시간 모으기

퇴근, 빈손으로 하기

"웅아, 결아, 엄마 왔다!" 오늘은 결이가 먼저 달려옵니다. 맨날 오빠한테 밀리더니 현관 근처에서 놀고 있다가 먼저 안겼습니다. 그러고는 외마디. "음마?" (더 할 줄 아는 단어가 없습니다.) 웅이가 덧붙입니다. "엄마, 뭐 사 왔어?" "으응? 아무것도 안 사 왔는데?" "에이~."

에.이.라니요. 확, 빈정 상합니다.

"엄마는 웅이 결이가 보고 싶어서 회사에서 나오자마자 막 공룡처럼 쿵쿵 뛰어왔는데?" "어젠 아이스크림 사 왔잖아."

맞습니다. 아이스크림, 사 왔습니다. 퇴근길 편의점을 지나는데 '과자 있는 아이스크림 먹고 싶다'던 웅이가 생각났거든요. 책을 사 온 적도 있습니다. 퇴근길 서점을 지나는데 "엄마, 우리 집엔 기차 많이 나온 책 없어?" 묻던 웅이가 생각나서요. 복숭아를 사 온 날도 있습니다. 다른 사람에게 음식 먹여주기를 즐기는 결이인데 복숭아만큼은 "엄마도 한 입만 줘" 아무리 애원해도 "앙대!" 하던 모습이 생각나서요.

그러고 보니 퇴근길에 무언가를 들고 온 날이 많습니다. '웅이가 좋아하겠다' '결이가 좋아하겠다' 아이스크림이 녹을세라 뛰었습니다. 습관처럼 '오늘 퇴근할 땐 뭘 사 갈까?' 고민했습니다. 그 속에는 '하루 종일 엄마 기다렸을 텐데, 이걸로 기쁘게 해줘야지'라는 마음이 담겨 있습니다. 제가 손에 든 건 '물질적 보상'입니다.

워킹맘이 하지 말아야 할 것, 그러나 가장 많이 하게 되는 실수 1위는 엄마의 부재를 물질로 보상하는 것입니다. 아이에게 미안한 마음을 장난감으로 풀어주는 것이지요. 출근길 아이가 울 때 "엄마가 집에 올 때 장난감 사 올게" 하기 쉽습니다. 물질로 위로받은 아이는 점차 거기에 기대게 됩니다. 물질로 무언가를 해결하려는 습관이 생길 수 있습니다.

웅이가 어렸을 때 시터 이모님과 잘 적응하나 싶다가 어느 날 다시 복직 첫날처럼 힘들어한 적이 있습니다. 우는 웅이를 두고 집을 나서는데 이모님이 웅이를 달래는 소리가 들렸습니다. "엄마가 웅이 장난감 많이 사주려고 돈 벌러 가는 거야."

아닙니다. 돈을 벌어 장난감을 사줄 수는 있지만, 장난감을 사주려고 돈을 버는 것은 아닙니다. (이모님께 그런 말로 달래지 말아달라고 말씀드렸습니다.)

무언가를 사 들고 퇴근하면 시간도 뺏깁니다. 장난감을 사러 마트에 들르면 그 시간만큼 집에 늦게 도착합니다. 빈손으로 퇴근하면 "웅아 결아, 엄마 왔다." 두 팔을 벌려 아이들을 안아주는데, 손에 든 게 있으면 "웅아 결아, 엄마가 뭐 사 왔게?" 하고 물건부터 풉니다. 아이들을 '물질'에 뺏깁니다. 그래서 빈손으로 퇴근하기로 했습니다. "오늘은 뭘 사 가지?" 고민 대신 "오늘은 뭘 하면서 놀까?" 생각합니다.

어느새 아이들은 엄마가 들고 오는 봉투에 익숙해졌나 봅니다. 두 손이 비었으니 등 뒤에 숨기고 있는 건 아닐까 요리조리 살핍니다. 빙글빙글 돌아도 아무것도 없으니 실망한 눈치. 하지만 잠깐 삐죽대다가 금세 웃고 제 품에 안깁니다.

그렇죠. 아이들은 엄마가 사 온 아이스크림보다 엄마를 더 반깁니다. 저에게 아이들이 선물이듯 아이들에겐 엄마가 선물입니다. 빈손이 되니 아이들을 꽉 안을 수 있습니다. 그러고 보니 빈손 아니네요. 지금 제 손은 아이들을 맞이한, 꽉 찬 손입니다.

웅이는 편식이 심한 편입니다. 7첩 반상을 차려내도 맨밥과 좋아하는 반찬 딱 한 가지만 먹습니다. 원인은 유독 예민한 후각. (응가할 때 냄새가 난다며 마스크 달라는 녀석입니다.) 일단 향이 강한 음식은 근처에도 가지 않습니다. 소고기를 그냥 구워주면 잘 먹지만, 요리법을 달리해볼까 싶어 불고기를 해주면 양념 냄새가 싫다며 먹지 않습니다. 그러다 보니 웅이 입맛에 맞는 반찬을 찾기란 보물찾기입니다. 더 어린 결이의 저녁은 베이비시터 이모님께 맡겨도 웅이 저녁만은 제가 챙기는 이유입니다.

반찬을 골고루 먹이려다 보니 웅이 식사 시간이 길어집니다. 밥을 다 먹으면 어느덧 오후 8시 반. 웅이는 "엄마, 밥 다 먹었으니까 이제 놀자!" 하지만 이미 시간이 늦었습니다. 결이가 두 손을 곱게 모아 한쪽 턱 밑에 대고 "엄마, 코오~ 코오~" 하고 있습니다. 재워달라는 뜻입니다. "이제 잘 준비해야지. 오늘은 늦었어. 내일 신나게 놀자." 그런데 내일도 밥을 먹으면 이 시간일 겁니다. 또 "내일 신나게 놀자" 거짓말(?)을 할 것이고 웅이는 또 어깨를 축 늘어뜨리고는 "난 엄마랑 놀고 싶은데" 할 겁니다.

"엄마, 나 저녁 안 먹을래. 배 안 고프니까 나랑 놀자."

어느 날, 웅이가 밥을 먹지 않겠다고 합니다. 밥 먹느라 놀지 못하니, 웅이에게 밥이 숙제가 됐나 봅니다. 편식이 심한 아이도 10살쯤 되면 좋아진다는데, 아이들이 특정 음식을 가리는 건 그 음식이 독처럼 느껴지기 때문이라는데. 좀 편히 생각해볼까요. 저 또한 웅이랑 놀 시간이 부족한 게 아쉬웠던 참입니다.

그래서 가끔 이모님께 웅이 저녁을 맡기기로 했습니다. 그 대신 웅이와 "오늘은 이모님이랑 저녁 먹을 건데, 밥이랑 반찬 3개는 같이 먹어야 해." 손가락 걸고 약속합니다. 웅이 결이 저녁이 해결됐으니 남편도 저도 각자 회사 식당에서 저녁을 먹고 퇴근하기로 합니다. 이날은 네 식구가 각자 저녁을 먹습니다.

'한 집에서 함께 살면서 끼니를 같이하는 사람'을 식구라고 한다는데, 하루에 한 끼는 온 식구가 둘러앉아 이야기 나누며 함께하고 싶기도 합니다. 하지만 '밥을 같이 먹는' 식구는 주말에 집중하기로 합니다. 밥을 따로 먹는 대신 한 번 더 같이 뒹굴고, 한 번 더 안고, 한 번 더 눈을 마주칩니다.

퇴근하고 돌아오면 웅이는 매번 밥이랑 반찬이랑 다 먹었다며 자랑합니다. 이모님이 남기신 메모장에는 '웅이 저녁: 밥, 치즈'라고 적혀 있지만요. 그럴 땐 여지없이 웅이의 편식이 걱정됩니다. 하지만 엄마 아빠랑 신나게 놀면 마음은 쑥쑥 자라겠지, 5대 영양소는 섭취하지 못해도 엄마 아빠 영양소는 충분히 섭취하겠지, 생각합니다.

웅이가 엄마 아빠 대신 결이랑 저녁을 먹는 데서 오는 장점도 있

습니다. 둘이 경쟁하듯 먹어서 평소보다 더 많이 더 잘 먹는다고 하
네요. 웅이와 반대로 결이는 반찬만 먹거든요. 웅이가 밥을 먹으면
결이도 밥을 먹고, 결이가 반찬을 먹으면 웅이도 "그건 뭐예요?" 묻
는다니, 의외의 수확입니다.

주말, 아이들이 눈 뜨면
일어나기

금요일 밤, 침대에 누우면 휴대전화 알람을 끕니다. 주말이니 눈이
저절로 떠질 때까지 자자고 다짐했는데 '인간 알람'이 울립니다.

"엄마, 나 일어났어."

"웅이 일어났어? 좀 더 자도 되는데…."

"나 다 잤는데? 우리 거실 가자."

이제 겨우 아침 7시. 평일에는 깨우면 "아직 졸리단 말이에요." 눈
물이 그렁그렁한 채 억지로 일어나는 녀석이 주말에는 암막 커튼을
치고 자도 7시면 벌떡 일어납니다.

"아직 아침 아니야. 좀 더 자." 꼭 자야 하는 것처럼, 단호하고 낮은
목소리로 이야기합니다. 하지만 웅이 눈은 이미 초롱초롱합니다. 자
라고 애원해도 잘 눈이 아닙니다. 게다가 우리 부부에겐 '맞벌이 육

아 원칙'도 있습니다. 지금 지켜야 하는 원칙은, 그중에서도 가장 지키기 어려운 '아이들이 눈 뜨면 일어나기'.

복직할 때 남편과 몇 가지 원칙을 정했습니다. 아이들과 함께할 시간이 적은 만큼, 함께 있을 때는 아이들에게 최대한 집중하기. 주말, 가장 강력한 장애물은 늦잠입니다. 남편도 저도 잠이 많습니다. 부모가 되고 가장 애먹은 건 우리가 원할 때 자고 우리가 원할 때 깰 수 없다는 것이었습니다. 아이들이 자라면 푹 잘 수 있다는 말만 믿었는데, 새빨간 거짓말이었습니다! 아이들은 주말에 더 일찍 일어납니다. 게다가 제가 복직을 한 뒤로 웅이 결이는 주말 아침에 더욱 일찍 일어납니다.

"내일은 엄마 아빠 회사 가?" "아니. 토요일이야."

"우와! 그럼 우리 뭐 하고 놀까? 어디 갈까? 일찍 자고 일찍 일어나야지!" 그러고는 매번, (늦게 자고!) 일찍 일어납니다. 새벽 2시에 일어나서 "지금 밤이야, 아침이야?" 묻고 4시에 또 일어나서 "아직도 밤이야?" 묻기도 합니다.

웅이가 그렇게 기다린 주말 아침인데, 더 자고 싶어도 일어나야지요. 눈이 떠지지 않아도 일어나야지요.

그래서 주말을 일찍 시작합니다. 일단 눈만 뜨면 됩니다. 침대에서 같이 뒹굴기만 해도 아이는 웃습니다. 침대에서 일어나기는 어렵지만 막상 하루를 시작하면 그리 나쁘진 않습니다. 주말 오전은 어딜

가도 꽤 한가하거든요. 물놀이장도 키즈 카페도 사람들에 치이지 않고 아이들과 즐길 수 있습니다. 힘껏, 열심히 놉니다. 두 녀석이 온 힘을 다해 즐겨야 저녁밥 먹기 무섭게 곯아떨어지거든요. 아이들이 일찍 잠들어야 저도 남편도 '내 시간'을 가질 수 있습니다.

일찍 일어난 새가 먹이를 잡는다지요. 주말 아침, 일찍 일어난 부모는 피곤합니다! 하지만 아이의 뽀뽀를 잔뜩 받습니다! 대용량 커피는 필수입니다!

사랑,
표현하기

　　종아리에 쪽, 발등에 쪽 쪼옥, 발가락에도 쪽쪽쪽. "발가락은 더럽잖아. 간지러워. 하지 마." 아랑곳하지 않습니다. 뒤에서 안고 목덜미에 쪽. "간지러워. 진짜 그만!"

　　남편을 만나서 연애하고 결혼하고 아이를 낳고 12년째. 연인의 뜨거운 뽀뽀부터 부부의 따뜻한 뽀뽀까지 '다양한' 뽀뽀를 나눴지만 횟수로 따지면 이제 5살인 웅이에게 받은 뽀뽀가 몇 배는 많습니다. 웅이는 우리 집 '뽀뽀 대마왕'입니다. 그런 것 치고도 오늘은 좀 심합니다. 결이는 입 모양을 시옷 자로 만들고는 우뚝 서 있습니다. 곧 울겠다는 예고입니다.

　　웅이의 과잉 애정표현, 결이의 시옷 자 입술. 감이 옵니다. 행동은

정반대이지만 둘 다 '엄마, 나 좀 봐줘요' 하는 신호입니다. 지난 며칠 야근을 했거든요.

처음엔 몰랐습니다. 엄마가 좋아서 그렇겠거니 생각했습니다. 보고 있어도 보고 싶은 게 엄마. 야근하느라 퇴근이 늦어지니 더 보고 싶을 겁니다. 저 또한 아이들이 아른거려 일이 손에 잡히지 않는데 아이들은 더하겠지요. 집에 오자마자 뽀뽀를 쏟아내고 온몸 찰싹 붙이고 떨어지지 않는 웅이가 안쓰러웠습니다. 결이가 칭얼대고 짜증 내는 게 당연합니다.

그런 날은 아무것도 필요 없습니다. 한쪽 무릎에는 웅이, 다른 쪽 무릎에는 결이를 앉히고 토닥토닥. 아이들은 엄마 에너지를, 저는 자식 에너지를 충전합니다.

폭 안겨 있던 웅이가 고개를 삐쭉 들고 묻습니다. "엄마, 나 사랑해?" "머리부터 발끝까지 다 사랑하지." "많이 사랑해?" 장난으로 묻는 게 아닌 것 같습니다. "엄청 많이" 하는 대답에 안도하는 표정입니다. 그 얼굴에서 연애할 때 내 얼굴을 봅니다.

"오빠, 나 사랑해?" "알면서 뭘 물어." "알아도 듣고 싶어서 그렇지. 사랑해?" "네. 아주 많이요. 됐어?"

알면서도 듣고 싶었습니다. "됐어?" 이 말은 빼라고 구박했습니다. 웅이도 엄마의 사랑을 확인하고 싶은 얼굴입니다. 평소에는 묻지 않습니다. 야근이 잦을 때만 묻지요. 엄마가 고프면 사랑을 확인하고 싶어진다는 뜻입니다. 어쩌면 불안한 건지도 모르겠습니다. 결이의 시옷 자 입 모양도 같은 뜻입니다. 주로 불만이 있을 때 하는 행동입니다. 제가 퇴근하고 돌아오면 다다다 뛰어와 안기는데 야근이 이어진 날에는 우뚝 서서는 엄마가 다가오길 기다립니다. 새침합니다. (물론 새침함은 5분을 가지 못합니다. 안아주는 순간 슬쩍 눈물을 보이고, 폭 안깁니다.)

친구 워킹맘은 복직한 뒤로 하루 다섯 번씩 아이에게 사랑한다고 말한다고 합니다. 출근할 때 "엄마 일 열심히 하고 웅이 저녁 먹기 전에 올게." 하고 집에 돌아온다는 확신을 주는 것이 필요하듯이 엄마는 회사에 가지만 너를 사랑한다는 확신도 주어야 합니다. 말하지 않아도 알아주기에는 웅이 결이는 아직 어립니다. 아이 곁을 비우는 시간이 길어질수록 더 자주 말하는 게 도움이 됩니다. 온몸으로 느끼게 할 수 있는 시간이 적으니 "사랑해" 직접적으로 표현해주는 겁니다.

친구와 마찬가지 전략을 세웠습니다. 아이가 "사랑해?"라고 묻기 전에 "엄마는 웅이를 세상에서 가장 많이 사랑해"라고 말합니다. 블록을 맞추고 있는 아이 귀에 대고 슬쩍, 화장실에서 응가하고 있는 아이에게 또 한 번, 책을 읽어주다가 또 한 번, 아무 때나 툭하면 사랑한다고 말합니다. 야근하는 날은 더 자주 사랑하고 사랑하고 사랑한다고 이야기합니다.

"엄마, 나 좀 안아줘." 웅이가 헐레벌떡 뛰어와서 기다립니다. 요리하고 있으면 결이가 싱크대와 다리 사이로 파고들어 두 팔을 번쩍 들고 안아달라고 합니다. 바쁜 일상, 아이에게 "잠깐만" "기다려" "엄마 이것만 끝내고 해줄게" 자주 말합니다. 아이는 기다립니다. 기다리다 제 풀에 꺾여 가버리기도 합니다. 아이 뒷모습을 보며 "저녁 5분 늦게 먹는다고 무슨 일 나는 것도 아닌데 안아줄걸" 후회합니다. 서천석 행복한아이연구소장은 "안아줄 여력이 있을 때만 안아줘도 된다. 아이도 어느 정도의 좌절은 경험해야 한다."라고 말합니다. 하지만 "자주 안아주지 못할수록 먼저 안아줘야 한다"라고도 말합니다. 아이가 안아달라고 하기 전에, 부모가 먼저 안아주라는 겁니다.

안아줄걸, 후회되면 그때라도 안아줍니다. 내가 요리하고 있을 때 다리를 꼭 안는 아이처럼, 장난감 가지고 노는 아이 뒤에서 한 번 안아봅니다. "결아, 이리 와. 엄마랑 꼭 안자." 불러서 안아주기도 합니다.

아이를 키우다 보면 아이와 연애하는 느낌을 종종 받습니다. 자식과의 연애는 밀당이 없으니 마냥 즐기면 됩니다. 네가 더 많이 좋아하네 내가 더 많이 좋아하네, 따질 일 없습니다. 당연하지요. 자식 앞에 부모는 항상 '을'이니까요. 을의 특권, 사랑하는 만큼 표현하면 됩니다.

5

직장,
효율적으로
일하기

출근했음이
감사

솔직히 말하겠습니다. 애엄마 직장인인 저는 매일 아침에 일어나면 출근하고 밤이 되면 퇴근할 수 있음에 감사합니다. "12년 차 직장인이 할 소리냐" "고작 출퇴근에 감사하려고 회사에 다니냐" "이래서 애엄마는 안된다" 손가락질 받을지도 모르겠습니다. "넌 꿈도 없냐?" 묻는 사람도 있겠지요. 그건 아닙니다. 잠시 천천히 가고 있는 겁니다.

생각해봅니다. 보통 한 회사, 한 업종에서 3년 이상 근무한 경우 경력직으로 이직할 조건을 갖췄다고 합니다. 대학 4학년 때 입사한 이 회사에서 12년째 월급을 받고 있으니 내 일 앞에서 나는 어느 정도 안정되어 있습니다. 웅이가 5살이니 저는 5년 차 엄마입니다. 엄마 경력도 적진 않지만 아이들은 매 순간 자랍니다. 매일 다르고 매번 다릅니다. 5년 차이지만 여전히 초보 엄마입니다. 게다가 직장은 그만둘 수 있지만 엄마는 그만둘 수 없습니다. 물론 가능하다면 직장과 엄마, 둘 다 사표 내고 싶지 않습니다.

쉽진 않습니다. 셰릴 샌드버그조차 "직업상 열망과 개인적 열망을 하나로 모으는 일은 생각보다 훨씬 어려웠다"라고 말합니다. "경력을 쌓기 위해 일에 최대한 시간을 투자해야 하는 바로 그 시기에 생리학적으로는 자녀를 출산"하는 건 세계적인 임원이나 평범한 저나 같습니다. 세상이 많이 바뀌었다고는 해도 아직 "직장은 여성들이 가정에서 책임을 다할 수 있도록 유연하게 대처할 만큼 진보하지 않았"습니다. 남자의 육아와 살림 참여가 늘고 있다고는 하지만 여전히 주양육자와 주책임자는 여자입니다.

일과 가정의 균형을 맞추라지만 아이가 어려서 엄마 손이 많이 필요한 지금은 일과 가정의 균형이 50 대 50을 의미하는 건 아닙니다.

회사에는 적어도 하루 9시간을 머뭅니다. 출퇴근 시간까지 합치면 10시간이 넘습니다. 아이들과 함께하는 시간은 출근 전 2시간, 퇴근 후 3시간이 전부입니다. 하루 5시간 아이들과 같은 공간에 있지만, 밥 먹이고 씻기고 재우는 일, 정리하고 청소하는 살림과도 이 시간을 나눠 써야 합니다. 아이들과 눈 마주치고 깔깔 웃는 시간은 아무리 길게 잡아도 하루 2시간을 넘기지 못합니다. 그러니 '양'으로 따졌을 때 일과 가정은 이미 불균형 상태입니다.

남은 건 '질'입니다. 아이들과 있는 시간에 최선을 다합니다. 그러려면 우선 에너지가 있어야 합니다. 기진맥진해 퇴근하면 아이들과 힘껏 놀아줄 수 없습니다. 피곤할 땐 욱하지 않으면 다행입니다. 직장에서 에너지를 아껴야 합니다. 오해는 마세요. 일을 대충 하겠다는 말이 아닙니다.

워킹맘에 대한 기사를 읽다가 "아이가 취학 연령이 될 때까지 경력 단절 여성이 되지 않았다면, 경제적 이유 외에도 일에서 재미와 보람을 느끼고 있기 때문일 가능성이 높다"는 부분에 눈길이 멈췄습니다. 맞습니디. 아이가 하나도 아니고 눌, 매일 아침 피곤이 채 풀리지 않아 늘어진 몸을 주섬주섬 챙겨 일어나면서도 출근하는 것은 분명 내 일에 애정이 있기 때문입니다. 애정의 크기는 모르겠지만, 적어도 이 상황을 즐기려고 애쓸 만큼의 애정은 있습니다. 내가 좋아하는 내 일을 대충 하진 않습니다. 잠시 천천히 가되, 전략적으로 열심히. 그렇게 하려고 합니다.

막 구르지
않기

시키는 일 다 한 죄:
한계 정하기

코너를 하나 기획했습니다. 데이터 수집부터 코너 오픈까지는 일주일. 부서장께 보고하니 일정을 좀 당겨보라고 하십니다. 빠듯하게 짠 일정이지만 좀 더 앞당겨 봅니다. 재택야근을 하면 3일 정도는 줄일 수 있습니다. 부서장은 여전히 만족스럽지 않은 눈치입니다. 흠… 날밤 샐 각오를 합니다. 이틀 후에 코너를 오픈하겠다고 하자 드디어 "오케이!" 하십니다.

예상대로 딱 48시간 걸렸습니다. 48시간 동안 3시간 자고 45시간은 눈을 뜨고 있었습니다. 눈은 감기는데 '이걸 내가 진짜 해냈네' 스스로가 기특합니다. 이 정도면 그동안 정시퇴근하며 뒤통수에 박힌 가시가 좀 빠질 것 같습니다.

다음 날 아침. 너무 무리하는 것 아니냐며 걱정하던 선배를 만났습니다.

"너 그걸 진짜 해냈더라." "잘했죠? 이틀 동안 밥도 못 먹고 3시간밖에 못 잤는데도 일이 되긴 되더라고요. 사실 말이 이틀 밤 샌 거지 준비한다고 일주일 전부터 새벽까지 일했어요. 아직도 비몽사몽이에요." "대단해. 근데 다시는 그렇게 무리하지 마."

성과는 대단한데 다시는 그렇게 하시 말라고?

"이제부터 부서장은 너를 48시간 동안 3시간 자면서 일할 수 있는 직원으로 생각할 거야. 다음번엔 72시간 동안 3시간 자고 일하라고 할걸. 너는 '이번엔 보여주자'였지만 부서장은 '더 보여줘' 하는 거지. 다음에 네가 '그건 무리입니다' 해도 '지난번엔 했잖아'라며 밀어붙일 거야."

듣고 보니 맞는 말입니다. 특히 복직한 뒤로는 시키는 건 다 하려 들었습니다. 애엄마라 몸 사린다는 뒷이야기 들을까 봐 더 '예스맨'이 됐습니다. 시키는 걸 다 하면 인정받을 줄 알았습니다. 그런데 돌아온 건 '조금 더, 조금 더'라는 채찍질뿐.

동료 워킹맘은 그랬습니다. "회사에서 시키는 대로 다 하다가 결국 못 견디고 사표 내면, 회사는 일주일 안에 내 자리에 새 직원을 앉혀놓을 거야." 조금 극단적인 말이긴 하지만 현실적이기도 합니다. 결국 일과 가정, 나 사이의 균형을 잡지 못한 나만 손해라는 겁니다.

그래서 회사의 지시에 무조건 따르지 않으려고 합니다. "네" 하기 전에 정말 내가 할 수 있는지를 생각해봅니다. 회사가 직원인 나를 관리한다면, 나도 나 스스로를 챙겨야 합니다. 나는 직장인인 동시에 엄마입니다. 삶의 균형이 직장인 쪽으로 너무 기울면 엄마 쪽에 소홀해질 수밖에 없습니다. 균형을 맞춰야 합니다. 무리일 것 같으면 무리라고, 충원을 해주든지 일정을 조율해달라고 요청합니다.

물론 쉽지 않습니다. 우리 사회에서 일을 잘한다는 건 성과를 내고, 매일 웃으면서 야근을 하고, 회사를 내 몸같이 사랑한다는 뜻입니다. 이런 문화에서 "못 하겠습니다" 하느니 차라리 밤새워서 일하는 게 낫겠다 싶을 때도 있습니다. 하지만 회사가 계속 더, 더 요구한다면 어느 선에서는 "무리입니다" 선을 그어야 할 때가 옵니다. 그렇다면 내 기준에 합당한 선에서, 내가 할 수 있는 선에서 끊어야 합니다.

차를 운전하는 사람은 옆에 탄 사람보다 멀미를 덜 합니다. 운전자는 앞으로의 움직임을 예측할 수 있고 능동적으로 움직이기 때문입니다. 마찬가지입니다. 내 일을 내가 운전할 때 멀미를 덜합니다. 위에서 굴리는 대로 구르다간 내가 어디로 가고 있는지, 제대로 가고 있는지도 모르게 됩니다. 엉뚱한 목적지에 다다라 있을지도 모를 일입니다. 막 구르는 게 아니라 내가 나를 굴려야 합니다. 잘 굴려야 합니다. 시키는 대로 다 하는 것은 잘못. 그러다가 두 손 두 발 다 드는 건 더 큰 잘못이니까요.

나를 믿기:
'엄마 벌점' 주지 않기

내 능력을 똑바로 보고 내가 감당할 수 있는 수준인지 판단하고 한계를 정하자. 이렇게 원칙은 세웠습니다. 그런데 또 예스맨이 됐습니다.

"보고서 이번 주 안에 끝낼 수 있지?" 못 합니다. 다음 주까지 끝낼 계획이었습니다.

"이번 주는 빠듯할 것 같은데요. 다른 프로젝트 마감도 있어서요." 개미 소리로 대답했습니다.

"빨리 보고 싶은데. 끝내도록 해봐.""노력하겠습니다."

대답하고 말았습니다. 대답하면서 후회합니다. 이번 주 안에 끝내려면 또 재택야근 해야겠구나. 환절기라 웅이 곁이가 아파서 밤에 일하는 것도 쉽지 않은데, 내 컨디션도 좋지 않은데, 다음 주에 끝내겠다고 고집했어야 하는데… 알면서 왜! 또! "노력하겠습니다"로 끝났는지요. 내가 내 발등을 찍었습니다. 노력하겠다고 했으니 끝내야지요. 한숨이 납니다. 내가 감당할 수 있는 한계를 정하고 고수하는 건 정말이지 말만 쉽습니다.

어깨에 힘 쭉 빼고 있으니 남자 후배가 그럽니다. "선배가 못 하면 못 하는 거예요. 선배 아니면 그 일 해낼 사람 없어요. 그러지 말고 끝까지 못 한다고 해요."

'내가 못 하면 이 일을 해낼 사람이 없다'는 말에 살짝 으쓱합니다.

"됐네요. 위로는 되네. 휴, 어떻게 또 해봐야지."

"선배가 안 된다면 진짜 안 되는 거라니까요. 무리하지 말아요. 선배를 좀 믿어요. 나 같으면 끝까지 못 한다고 해요."

나를 믿는다는 것은 내 능력을 믿는다는 뜻입니다. 나는 내가 부족한 것 같은데, 후배는 나보다 나를 더 믿어줍니다. 고맙습니다. 그런데 이 대화는 후배가 나를 아껴서가 아니라, 후배는 남자 저는 여자라 가능했을지도 모르겠습니다.

2002년 미국 플로리다대 의과대학의 스콧 린드 교수팀은 남녀 의대생에게 외과 임상실습 후 자신의 역량을 스스로 평가하게 합니다. 학생 스스로 매긴 점수는 여학생이 남학생보다 낮았습니다. 교수의 평가는 반대였습니다. 교수는 여학생이 남학생보다 뛰어나다고 평가했습니다. 여자는 실제보다 자신의 능력을 낮게 평가하고 남자는 높게 평가한다는 겁니다.

그래서인가요. 남자는 성공하면 '내가 뛰어나서'라며 내부적 요인으로 돌리고 여자는 '열심히 일해서' '운이 좋아서'라며 외부적 요인으로 돌린다고 합니다. 반대로 실패했을 때 여자는 '내 능력이 부족해서' 남자는 '운이 나빠서'라고 생각하는 경향이 높다고 합니다. 결국 자신의 능력이 부족하다고 생각하는 여자는 항상 더 열심히 노력합니다. 제가 "그건 어렵겠습니다"라고 말하지 못한 것과 같은 이유입니다.

내 능력이 부족하기에 더 노력합니다. 그런데 저는 워킹맘입니다. 더 노력해야 하는데, 아이를 키우며 일을 하는 지금은 충분한 노력을 기울일 시간이 없습니다. 보건복지부 공익광고에선 퇴근 시간이 되자 부장이 먼저 "애들 기다리는데 집에 안 갈 거야?" 하며 가방을 챙겨주지만 현실은 정반대입니다. 저는 오늘도 고개 숙이고 조용히 1등으로 퇴근했습니다. 당당하기 어렵습니다.

같은 맥락에서 답을 찾습니다. 여성의 능력이 떨어지는 게 아니라 여성 스스로 끊임없이 자신을 과소평가하는 게 문제 아닐까요? 그러니까 나는, 적어도 내 생각보다는 더 능력 있습니다. 지금보다는 당당해도 됩니다.

'엄마 벌점'(motherhood penalty)이라는 용어가 있습니다. 엄마 직장인은 업무에 덜 헌신적이고 덜 집중한다고 여겨져서 불이익을 받는다는 뜻입니다. 미국 스탠퍼드대 셸리 코렐 교수의 연구에 따르면 모든 조건이 같더라도 아이가 있는 여성은 없는 여성보다 연봉 협상에서 1만 1000달러 적게 제안받았습니다.

나 스스로도 그렇게 생각하는 것 같습니다. 정시에 퇴근하는 건데 "죄송합니다" 인사합니다. 어쩌면 "노력하겠습니다"는 내가 나 스스로에게 주는 '엄마 벌점'인지도 모르겠습니다. "나는 애엄마니까, 아무래도 예전과는 다르니까" 하며 스스로 작아집니다.

한 발짝 떨어져 나를 봅니다. 정시에 퇴근하지만, 시계만 보며 퇴근 시간을 기다리지 않습니다. 화장실 가는 것도 잊고 일했습니다. '어머, 벌써 퇴근 시간이잖아' 하며 부랴부랴 짐을 챙겼습니다. 엄마가 되기 전 저는 더 오래 일했습니다. 엄마가 된 지금은 더 집중해서 일합니다.

"엄마, 오늘 회사에서 뭐 하고 놀았어?" 웅이는 가끔 묻곤 합니다. (제가 웅이에게 "어린이집에서 뭐 하면서 놀았어?" 물으니 웅이도 제가 회사에서 노는 줄 아나 봅니다.) 기운이 빠지는 날에는 웅이의 질문을 떠올립니다. 웅이한테 오늘도 내가 한 일을 당당히 이야기할 수 있게 의미 있게 보내자, 마음을 다잡습니다.

"일 열심히 하고 빨리 올게" 인사하고 출근해서 회사에서 농땡이 치는 엄마는 없습니다. 내 몫의 일은 누구보다 제대로 하고 있습니

다. 그러니 "노력하겠습니다" 그만하고 "어렵겠습니다" 당당하게 말
해도 됩니다. 사회에서 '엄마 벌점' 받는 것도 억울한데, 나까지 나에
게 가혹할 필요는 없으니까요.

슬쩍

그리고

확실히 티 내기

오후 6시 반. 컴퓨터를 끄고 휴대전화를 손에 쥡니다. 퇴근은 하지만 일을 멈추진 않습니다. 인터넷만 연결되면 지하철에서도 집에서도 일을 할 수 있으니까요. 복직하고는 출퇴근길에 일하는 경우가 많아 휴대전화도 화면이 큰 걸로 바꿨습니다. 침대 옆 협탁에는 아예 노트북 자리를 마련했습니다. 잠든 아이들 곁을 지키며 노트북으로 재택야근을 하거든요. '애엄마 직원'은 '애엄마 직원의 방식'으로 조용히 묵묵히 일합니다.

　그런데 조용히 묵묵히로는 부족하답니다. 회사는 남성 직원에게는 업적에 초점을 맞추지만 여성 직원에게는 충성심을 기대한다고 합니다. 칼출근 칼퇴근하는데 어떻게 충성심을 보여줍니까! "저 어제 새벽까지 일했어요" 말하기는 낯 뜨겁습니다. 그렇지만 티를 내긴 내야 할 것 같습니다. 충성심을 눈으로 보여줄 수도, 말로 할 수도 없으니 슬쩍 흘려봅니다.

　급한 일이 있어 재택야근을 했을 때는 일한 결과물을 이메일로 보냅니다. 담당자는 출근해서 이메일을 확인할 테고 이메일에는 '보낸 시간'이 찍혀 있습니다. "이 시간까지 일한 거야?" 자연스럽게 알릴 수 있습니다.

　재택야근을 했지만 '완료형'이 아닌 '진행형'일 수 있습니다. 중간 과정을 메일로 보낼 수 없습니다. 어제도 새벽까지 일, 오늘도 새벽까지 일을 했지만 알아줄 사람은 달랑 나 한 명이지요. 그럴 땐 페이스북에 글을 올립니다.

　"아이들을 재우고 거실에 나와 노트북을 켰다. 웅이가 귀신같이 알고 '엄마 어디 갔어!' 외친다. 다시 웅이를 재우고 거실에 나왔다. 깨지 말고 자라, 웅아."

　"새벽 3시. 지금까지 데이터를 돌렸는데, 결과값에 에러가 있다. 오늘 재택야근은 말짱 도루묵. ㅠㅠ"

　'좋아요' '슬퍼요'가 주르륵 달립니다. 부서장도 '슬퍼요'를 눌렀습니다. 다음 날 출근하니 책상 위에 캔커피가 놓여 있습니다.

출근은 가장 늦게, 퇴근은 가장 먼저 하지만 점심시간은 반대입니다. 팀원들이 모두 나간 뒤 맨 마지막으로 나가고, 팀원들이 돌아오기 전에 가장 먼저 돌아옵니다. 먼저 나가는 팀원들은 "먼저 나갈게. 맛있게 먹어요." 인사하고, 돌아오는 팀원들은 "아이고, 벌써 들어왔어? 밥을 먹긴 했어?" 묻습니다. 사실 점심시간에 팀원들은 5분 사이에 모두 나가고, 5분 사이에 모두 들어옵니다. 저는 5분 늦게 나가서, 5분 먼저 들어온 것뿐입니다.

복직하고 SNS를 시작했습니다. 업무 성격상 SNS와 친해야 한다는 게 첫 번째 이유. 두 번째는 엄마인 나를 동료들에게 보여주고 싶었습니다. "너 이렇게 출근해도 아이들 괜찮냐"는 시선은 회사 밖에도 회사 안에도 있거든요. 아이들 사진도 올리고, 이야기도 올리면서 '엄마가 출근해도 우리 아이들 이렇게 잘 자라고 있어요' 보여줍니다. 그리고 저는 직장인인 동시에 이렇게 소중한 두 아이의 엄마여서 칼퇴근해야 한다는 메시지도 슬쩍 흘립니다. 아이들 아침 먹이고 등원시키고 출근하고, 퇴근해선 아이들 저녁 챙기고 놀이터에 가고 책도 읽어주는 일상을 올리면서요. SNS에 재택야근한 티도 내고 엄마 티도 내는 것이죠. 나쁘지 않은 방법입니다. 한 가지 팁이라면, 혹시 저와 같은 용도로 SNS를 하시려면 회사 동료들은 적극적으로 친구 추가 하고, 가족은 가급적 친구 추가 하지 마세요. 속상해하시더라고요.

충성심을

눈으로 보여줄 수도,

말로 할 수도 없으니

슬쩍 흘려봅니다.

아, 누군가는 그랬습니다. 그냥 피곤한 얼굴로 회사를 돌아다니라고요. 어쩌면 새벽에 이메일을 보내지 않아도 SNS에 글을 올리지 않아도, 제 얼굴 자체가 '재택야근한 티'인지도 모르겠습니다.

지금 나에게 필요한 것, 성과 내기

결이를 씻기는데 휴대전화가 울립니다. 회사입니다. "퇴근했나? 이 자료 확인해보면 좋겠는데…." 부서장의 문자 메시지입니다. 급히 처리해야 할 업무는 아닙니다. 찜찜하지만, 아이들이 잠든 뒤로 답을 미룹니다.

HBR코리아 '극한의 일터에서 생존하려면'에 따르면 퇴근 후 업무 연락을 받은 직원의 반응은 세 가지로 나뉩니다. 회사의 부름에 신속하게 응답하는 '수용형', "네, 알겠습니다" 대답만 하고 일하는 척하는 '위장형', 아예 응답하지 않거나 다음 날 처리하겠다고 하는 '드러내기형'.

칼퇴근해서 아이를 돌봐야 하는 저는 회사의 요구를 모두 수용할 수 없습니다. 퇴근 후 아이와 있는 게 뻔한데 일을 처리하는 척할 수도 없습니다. '드러내기형'이 될 수밖에 없습니다. 그런데 '드러내기형’은 커리어에서 불이익을 당한다고 합니다. 일을 최우선 순위에 두지 않는다는 이유만으로도 불이익을 당할 수 있답니다. 끙.

그나마 해결 방법이 있어 위로가 됩니다. (불이익을 덜 받는 방법이겠지만요.) “일에 관해 논의할 때 노력이 아니라 결과를 강조하라”고 합니다. 네, 결과를 강조해야 합니다. 결과는 성과이지요. 성과를 내야 합니다.

“그동안 쉬었으니 뭔가 보여줘야지. 회사에 보답해야지.”

복직 첫날. 어깨에 긴장 가득 얹고 앉아 있는데 옆팀 부장님이 지나가며 한 마디 툭 던집니다. 그렇지 않아도 ‘셀프 부담’ 잔뜩 느끼고 있는데 말이죠.

정부는 육아휴직 권장을 넘어 자동육아휴직제 도입을 확산하기 위해 표준안을 마련하고, 고용노동부는 일·가정 양립이 가능한 기업 문화를 확산하기 위해 ‘일家양득 캠페인’을 진행하고 있습니다. 하지만 2011~2015년도에 첫 아이를 출산한 직장인 여성 중 41.1%만 육아휴직을 썼습니다. 그나마 공무원 공공기관 여직원의 사용률이 높아서 41.1%입니다. 일반 회사의 사용률은 그보다 낮은 34.5%. 전 그런 육아휴직을 두 번 사용했습니다. 그것도 12개월씩 다 썼으니 24개월입니다.

그래서 감사하고 그래서 부담스럽습니다. 휴직이라는 ‘혜택’을 누렸으니 ‘뭔가’ 보여줘야 합니다. 복직했는데 회사에서 바라는 만큼 시간을 투자할 수 없으니 더욱 더 '뭔가'로 승부해야 합니다. 2011년 맥킨지 보고서에서도 남성은 잠재적인 능력을 기준으로 승진하지만 여성은 과거에 달성한 성과를 기준으로 승진한다고 했습니다.

성과를 찾아 헤맵니다. 그래, 기왕이면 새로운 것에 도전해보자. 도전해서 해내면 '저 여전합니다!' 보여줄 수 있을 거야. 새로운 일에 덤볐습니다. 충분히 공부하고 준비해야 하는데 그럴 시간이 없습니다. 새로운 일을 파악하고 익숙해지고 잘해낼 만큼 시간을 투자할 수 없습니다. 마음은 급하고 일은 풀리지 않고, 시간은 가는데 성과는 나지 않았습니다.

"이제 예전에 그 일은 안 해? 아연 씨 휴직하고는 계속 그쪽이 구멍이어서 아쉬웠는데…."

아차, 기존 업무를 소홀히 여겼습니다. 새로운 일로 새로운 성과를 내고 싶어서 잊고 있었습니다. 출산휴가에 들어가기 전까지 쭉 하고 있던 일인데 복직하고는 큰 비중을 두지 않았습니다. 10년 넘게 하던 일이니 가장 잘할 수 있는 일인데 말입니다. 지금 내가 잘할 수 있는 일에 집중하기로 합니다. 기존 업무로 돌아갑니다. 익숙합니다. 조금 노력하면 성과를 낼 수 있습니다. 하는 동안 즐겁습니다. 저 스스로도 부담이 덜하니 여유도 생깁니다. '큰 한 방'은 아니지만 자주 성과가 납니다. 성과가 나니 자신감이 생깁니다. 자신감을 바탕으로 또 다른 일을 시작합니다.

삼성경제연구소 예지은 수석연구원의 보고서에 따르면 약점을 극복할 때보다 강점을 강화할 때 직장인의 행복도가 높아진다고 합니다. 잘할 수 있는 일, 하고 싶은 일에 더 많은 시간을 투자하면 업무 몰입도는 높아지고 걱정 스트레스 분노 슬픔은 감소합니다. 심지어 신체적 통증도 줄어듭니다.

일과 가정을 동시에 꾸리는 것, 쉽지 않습니다. 여기까지면 충분하지 않나 싶을 때가 많습니다. 그럼에도 멈추지 않으려면 나에게 일이 의미 있어야 합니다. 경제적인 수단일 뿐이라면 힘든 직장 생활이 더 힘들어집니다. 내가 정말 원하는 일이어야 '버티는 하루'가 아니라 '힘들지만 성장하는 하루'로 바꿀 수 있습니다.

어쩌면 성과는 회사에 나를 증명하기 위해 필요했다기보다 나 스스로에게 나를 증명해 보이기 위해 더 필요했던 것 같습니다. 1년 3개월 간의 공백. 직장인으로서의 나는 여전히 쓸모 있을까, 잘할 수 있을까, 다시 인정받을 수 있을까, 불안했던 마음이 사라집니다.

"역시, 아연 씨 돌아오니 힘이 나네. 덕분에 프로젝트 잘 끝냈어. 고마워."

짜릿합니다. 이 맛에 회사 다니는 거죠. 아이들 웃음소리에 하루 종일 쌓인 '엄마 피로'가 녹아내리듯 "역시" "최고다" 한마디면 며칠 밤 지새운 '직장인 피로'가 사라집니다. 직장인에게 성취감보다 더 센 마약은 없습니다.

남편처럼
일하기

의사결정권 나누기

"점심에 뭐 먹을래? 맛있는 거 먹자. 너 먹고 싶은 걸로 해." "선배가 정해주세요. 전 뭐든 좋아요."

진심입니다. 전 뭐든 좋습니다. 아침, 저녁 메뉴 정하는 것도 어려운데 점심 메뉴까지 정하고 싶지 않습니다. 남이 정해주는 거 먹는 게 제일 좋습니다. 하루 종일 결정할 일투성이입니다. 하나라도 덜 결정하고 싶습니다.

알람이 울리면 아침 메뉴를 고민하며 눈을 뜨고, 아이들한테 뭘 입힐까 나는 무슨 옷을 입을까 정합니다. 환절기에는 보일러를 틀어야 할지 말아야 할지, 가습기를 틀어야 할지 말아야 할지, 밤새 결이가 기침을 했는데 병원을 가야 할지 말아야 할지, 정하고 정하고 또 정합니다.

"선배, 이 보고서에서 제안점 A는 현실성이 떨어지는 것 같아요. B가 더 낫지 않을까요?" "나도 그게 좀 걸렸어. 다시 생각해보자." A안과 B안 중에서 선택해야 합니다. 회사에서도 또 결정입니다.

누가 나 대신 정해주면 좋겠다. 탁 내려놓고 싶습니다. 이것을 '결정 피로'(decision fatigue)라고 합니다. 판단하고 결정하려면 의지력이 필요합니다. 결정을 반복하다 보면 의지력을 지속적으로 소모하게 되고 어느 순간 결정 내리기를 피하거나 미루게 됩니다. 최소한의 정신적 에너지를 유지하기 위해서입니다.

미국 에모리대 멜리사 윌리엄스 교수와 UC버클리 세레나 첸 교수의 2014년 연구 '엄마가 주도권을 잡았을 때'에 따르면 가정에서 의사결정권을 쥔 워킹맘은 '직장 권력'에 크게 신경 쓰지 않는다고 합니다. 연구팀은 실험 참가자들에게 본인이 3살 딸을 둔 엄마이고 직장에서는 평사원이라고 상상해보라고 합니다.

이들을 가정 내 의사결정권이 자기 자신에게 있다고 가정한 그룹, 의사 결정을 할 때 배우자와 상의하는 그룹, 의사결정권을 아예 언급하지 않은 그룹 등 셋으로 나눕니다. 그리고 각 그룹 사람들에게 직장에서 승진하고 싶은지, 연봉을 많이 받고 싶은지 물어봅니다.

가정에서의 의사결정권을 쥔 그룹은 다른 그룹에 비해 승진과 연봉 욕심이 적었습니다. 가정에서 권력이 있는 경우, 직장에서의 권력에 시들해진다는 뜻입니다. 윌리엄스 교수는 "엄마가 가정에서의 의사결정권을 쥐고 엄마로서의 삶에 만족하는 경우, 직장 내 성공에 의미를 덜 두게 된다"고 말합니다. 이 연구 결과를 보고 '진짜 워킹맘'인 저는 조금 다른 생각이 들었습니다. 가정에서의 의사결정권이 나에게 있다는 건 내가 결정해야 할 일이 많다는 뜻입니다. 결정은 정신 노동이죠. 저는 사무직입니다. 직장에서의 업무도 정신 노동입니다. 정신 노동이 넘칩니다.

집안일로 머리가 복잡하면 회사 일이 손에 잡히지 않습니다. "그거 꼭 내가 해야 해? 나 지금 바쁜데…." 발을 빼고 싶습니다. 중요한 일보다는 습관적으로 처리할 수 있는 업무에 치중하게 됩니다. 새롭게 시도하기보다는 하던 방식대로 처리하게 됩니다. 도전보다는 안주하고 싶어집니다. 일 욕심이 줄어듭니다.

워킹맘이 되니 일 욕심을 적당히 유지하는 게 참 어렵습니다. '못할 게 뭐야!' 때로는 넘쳐서 탈, '내가 저 일을 감당할 수 있을까?' 때로는 몸을 사려서 탈입니다. 일 욕심이 넘치면 몸에서 신호를 보내니 '아, 내가 너무 욕심부렸구나' 알게 되는데, 일 욕심이 사그라들 땐 '너 그러다 월급 도둑 되겠어!' 하고 알려주는 신호가 없습니다. 나 스스로 경계해야 합니다.

윌리엄스 교수팀의 연구에 따르면 가정 내 의사결정을 할 때 배우자와 상의하는 그룹은 승진과 연봉에 가장 큰 관심을 보였습니다.

이제라도 남편에게 '통보'하던 것들을 상의해봅니다. 일단 10만 원이 넘는 지출부터. "장난감 정리대 살까?" "정리대를 사는 것보다 이제 가지고 놀지 않는 장난감부터 처분하는 게 우선 아닐까?" 일리 있습니다.

"우리 주말에 뭐 해?" 금요일 밤마다 웅이도 묻고 남편도 묻습니다. 주말 일정은 항상 엄마인 제 담당이었습니다. 웅이 결이가 무얼 하고 싶어하는지, 얼마 전 간 곳과 겹치진 않는지, 날씨가 춥거나 덥진 않을지, 근처에 아이들과 갈 만한 식당은 있는지 알아보고 찾아보고 결정합니다. 남편이 "우리 주말에 뭐 해?" 묻기 전에 선수를 칩니다. "여보, 이번 주말엔 뭐 할까?"

남편 신발은 남편에게 고르라고 하고 (주문은 제가 합니다. 남편은 똑같은 물건을 비싸게 주문하는 재주가 있으니까요.) 태권도에 다닐지 말지 웅이 의견을 듣습니다.

남편, 저, 웅이, 결이. 이 네 사람이 우리 가정이라는 '한 팀'입니다. 저는 팀장입니다. 좋은 팀장은 혼자 일을 다 하지 않습니다. 팀원 각자에 맞는 역할을 나눠주지요. '완벽한 엄마'보다는 '좋은 팀장'이 되려고 합니다. '팀장'이 되니 덤으로 얻는 것도 있습니다. '부팀장' 남편과 대화가 늡니다. 아이를 낳고는 남편과 대화가 많이 줄었습니다. 아이들 이야기를 듣고 대답하느라 바빠서요. 남편과 이야기 좀 나누려면 웅이가 "엄마, 내 말 좀 들어봐!" 끼어들고 결이가 손가락으로 입을 가리며 "쉿!" 합니다. 남편과 나의 대화는 뒷전으로 밀립니다. 의사 결정을 나누니 대화를 하게 됩니다. 한 번 입이 트이면 그 다음부터는 이야깃거리가 줄줄 생각납니다. 회사에서 하지 못한 이야기를 남편에게 상담합니다. 남편은 저에게 육아를 배우고, 저는 남편에게 직장을 배웁니다.

집에서는 집,
회사에서는 회사에 붙어 있기

오전 11시. "이모님, 오늘 2시쯤에 과일 배달될 거예요. 말씀드린다는 걸 제가 깜박했네요. 협탁 위에 카드 두고 왔으니 그걸로 계산해주세요. 감사합니다." 지금이라도 생각나서 다행입니다. 문자도 보냈으니 다시 일을 합니다.

오후 8시. "여보!" "……." "여보! 웅이 엄마!" "어? 불렀어?" "무슨 생각을 그렇게 해. 결이 봐. 안아달라잖아." "미안, 잠깐 회사 일 생각이 나서…."

멀티태스킹을 좋아합니다. 학창 시절에는 국어 수학 영어 사회 문제집을 죽 펼쳐놓고 국어 한 문제, 수학 한 문제, 영어 한 문제씩 푼 적도 있습니다. 취직해서는 컴퓨터 화면에 여러 가지 문서를 띄워두고 동시다발로 일을 처리했습니다. 문서를 작성하면서 전화를 받고, 전화를 받으면서 채팅 메시지를 보냅니다. 훗, 이 정도는 껌이지요.

갈고닦은 보람이 있습니다. 엄마가 되니 멀티태스킹 능력이 빛을 발합니다. 아이를 안고 세탁기를 돌리거나, 빨래를 접으며 아이와 놀아줍니다. 화장실에서 일을 보면서 휴대전화로 인터넷 장을 보면서 닫힌 문 너머로 웅이와 대화를 나누던 날, 남편은 저의 '멀티태스킹 능력'에 박수를 보냈습니다. 복직하고는 직장에서도 '엄마 직원의 멀티태스킹 시공을 보여주겠어!' 주먹을 불끈 쥐었습니다.

회사에 도착하면 컴퓨터 전원 버튼부터 누릅니다. 컴퓨터가 부팅되는 동안 휴대전화로 마트 앱 장바구니에 담아둔 것들을 결제합니다. 주문 완료와 동시에 컴퓨터가 켜졌습니다. 인터넷 창을 열면 자주 가는 사이트 7개의 탭이 쫙 열립니다. 휴대전화로 공과금 납부 마감일을 알리는 문자가 오네요. 눈과 손과 머리가 정신없이 일과 일 사이를 돌아다닙니다. 이 정도는 해야 멀티태스킹이지요.

그런데 이상합니다. 자꾸 멈칫합니다. 일과 일 사이를 물 흐르듯 오가야 하는데 자꾸 스텝이 꼬입니다. 멀티태스킹이 시간을 효율적으로 쓰는 가장 좋은 방법이라고 생각했는데, 아닌 걸까요?

현대인들은 뇌의 용량을 100%까지 끌어올려 멀티태스킹을 합니다. 칙센트미하이의 연구에 따르면 여자는 한 번에 5가지의 일을 동시에 합니다. 한 번에 여러 가지 일을 하지 못 한다고 알려진 남자도 평균적으로 한 번에 1.5가지의 일을 합니다. 다른 점이라면 여자가 남자보다 멀티태스킹 때문에 더 스트레스를 받고 더 좌절한다는 겁니다. 워킹대디의 멀티태스킹과 워킹맘의 멀티태스킹이 다르기 때문이랍니다. 남편은 회사에서는 일 생각만 합니다. 멀티태스킹을 해도 업무 두 가지를 동시에 하는 멀티태스킹을 합니다. 저는 회사에서 아이 생각, 집에서 회사 생각이 납니다.

"여보, 당신은 회사에서 아이들 생각 안 해?" "응." "생각 안 나?" "응." "그럼 회사에서 멀티태스킹 안 해?" "하지. 멀티태스킹 안 하는 사람 있나?"

남편은 회사에서는 직장인, 집에서는 아빠입니다. 저는 회사에서는 직장인 + 엄마, 집에서는 엄마 + 직장인입니다. '역할을 오가는 멀티태스킹'이 문제입니다.

이런 워킹맘을 두고 시간관리 전문가 데이비드 앨런은 '소모적인 불안'(gnawing sense of anxiety)에 시달리고 있다고 말합니다. "우리는 항상 지금 내가 하고 있는 일보다 더 중요한 뭔가가 있을 거라고 생각한다"라는 겁니다. 뜨끔합니다. 그런데 "'더 중요한' 일이 무엇인지도 기억하지 못한다"라는 말에 더 뜨끔합니다.

이제부터 남편처럼 회사에서는 회사, 집에서는 집만 생각하기. 지금 하고 있는 일에만 집중합니다. 멀티태스킹을 하되, 회사에서는 회사 업무에 관한 일, 집에서는 가사와 육아에 관한 일만 생각하는 겁니다. 해야 할 일을 카테고리별로 나누고, 한 카테고리 안에서만 멀티태스킹을 하는 것이죠.

유효상 숙명여대 경영전문대학원 교수는 이 일이 여자들에게 더 어렵다고 말합니다. "여자는 남자처럼 쉽게 생각을 분리해내거나 순차적으로 우선순위를 매기는 일에 익숙하지 않"기 때문이라고 합니다. 회사에서는 아이 걱정, 아이를 돌보면서는 마무리하지 못한 업무 걱정을 합니다. 모든 걸 한꺼번에 처리하느라 엄청난 스트레스를 받게 됩니다. 그러다 보니 둘 다 제대로 해내고 있지 못하다는 느낌을 갖게 됩니다. 죄책감으로 이어집니다.

'내가 지금 이럴 때가 아닌데' 싶을 땐 '나 지금 이럴 때 맞아!' 생각해야겠습니다. 생각나는 일이 아닌, 지금 이 자리에서 내가 할 수 있는 일에 집중해야겠습니다. 지금 내가 하고 있는 일이 가장 중요한 일입니다. 회사에서는 회사에 찰싹 붙어 있다가 퇴근하면서 딱 떨어져 나오고, 웅이 결이를 어린이집에 데려다주는 순간 아이들에게서 딱 떨어져 나와야겠습니다. 스위치 전환이라고 하죠. 직장에선 엄마 스위치 *끄고*, 집에서는 직장인 스위치 *끄기*. 그게 워킹맘의 진정한 멀티태스킹입니다.

퇴근 전 15분,
내일 준비하기

'어? 언제 시간이 이렇게 됐지?' 벌써 퇴근 시간입니다. 한창 탄력이 붙었는데, 딱 30분만 더 하면 좋겠는데 어느새 시간이 이렇게 되었네요. 오늘은 남편이 야근하는 날입니다. 제가 정시 퇴근해야 합니다. 아무리 즐겁게 일하고 있었더라도 '그대로 멈춰랏!'입니다.

일의 흐름이 끊기는 게 못내 아쉽습니다. 내일 아침에 출근하면 이 느낌을 살리기까지 '예열 시간'이 또 필요합니다. 그보다, 내가 어디까지 했더라, 기억이 날까 의심스럽습니다. 참고하던 웹 페이지만 일곱 개, 열려 있는 문서만 세 개. 음… 컴퓨터 종료 버튼을 누를까 말까 잠깐 고민하다 켜두기로 합니다. 내일 출근하면 책상 앞에 앉아 키보드에 손만 올리면 됩니다.

몸은 사무실에서 나왔는데 머리에서는 일이 돌아갑니다. 이건 일을 하는 것도, 하지 않는 것도 아닙니다. 일이 계속 신경 쓰입니다. 한 선배에게 말하니 "볼 일 보고 밑 안 닦은 느낌이지?" 합니다. 네! 바로 그겁니다!

"부랴부랴 퇴근하지 말고 여유를 좀 가져봐."

"퇴근하기도 바쁜데 여유가 어딨어요."

"일을 하는 것만큼 마무리도 중요해. 마무리가 안 되니 일이 계속

맴돌지. 너 매일 아침 '내가 어제 어디까지 했더라' 기억 더듬느라 시
간 보내지? 마무리하고 퇴근해봐."

혹하긴 한데 선뜻 마무리할 시간을 내자고 마음먹어지진 않습니
다. 선배는 '자이가르닉 효과'를 설명합니다. 마치지 못한 일을 마음
속에서 쉽게 지우지 못하는 현상을 일컫는 심리학 용어입니다. 사람
은 일이 완결되지 않으면 의식하지 못하는 사이에도 끊임없이 생각
을 거듭하며 매듭을 지으려고 합니다. 일을 마치지 못하고 퇴근했으
니 머리는 긴장 상태로 쉬지 못하고 불편한 감정이 남아 일을 생각하
고 또 생각합니다. 가장 좋은 방법은 시작한 일은 매듭 짓는 것. 하지
만 퇴근 시간에 맞춰 모든 일을 끝낼 수는 없습니다.

이럴 땐 마음속으로 '오늘 일은 여기까지야'라고 선을 그어주는
게 도움이 된다고 합니다. 끝내지 않은 일이 계속 생각나는 건 계속
생각나야 잊지 않고 다시 시작할 수 있기 때문입니다. 그러니 일단
매듭을 짓고 언제 다시 시작할지 계획을 세우면 뇌도 그 일을 놓을
수 있습니다. 선배가 말하는 '퇴근 전 마무리 시간'이 필요한 이유입
니다.

마무리하며 오늘 한 일을 정리하는 건 웅이 걸이가 하루 종일 가
지고 논 장난감을 정리하는 것과 비슷합니다. 어차피 내일 어지를 텐
데 하며 정리하지 않는 날도 있습니다. 어차피 어질러져 있었지만 더
어질러지더군요. 오늘 꺼내놓은 일들을 마무리해서 내 머릿속 제자

리에 넣어놔야 다음 날 쉽게 꺼낼 수 있습니다. 오늘 하던 일끼리 엉키지 않습니다.

일을 마무리하면 자연스럽게 다음 날 계획으로 이어집니다. 그날그날의 진척이 보이니 다음 날 얼마나 할 수 있을지 예상됩니다. 큰 그림이 그려집니다.

저는 보통 아침에 일어나 샤워를 하면서 하루를 계획합니다. '회사에서는 A 보고서를 끝내고, B 관련 미팅을 해야겠다.' '과일이 다 떨어졌어. 주문해야겠다.' 오늘 하루 계획을 세우죠. 회사 업무가 바쁘면 계획을 세운 순간부터 조급해집니다. 일이 많으니 조금이라도 빨리 출근해야지, 마음이 앞서갑니다. 몸은 집에 있는데 마음은 회사에 가고 있습니다.

퇴근하기 전 다음 날 할 일을 계획하면 출근하기 전까지 업무에 신경을 끊을 수 있습니다. 퇴근하는 순간 진짜 퇴근하고 출근할 때 진짜 출근하게 됩니다.

손 잡고
오래 가기

'워킹맘 걸그룹' 결성하기

"어제 웅이한테 사랑한다고 하니까, 웅이가 '내가 더 사랑해' 그러는 거 있죠? 그래서 엄마가 더 더 사랑해, 했더니 애가 정색하면서 '아니야! 내가 엄마를 얼마나 사랑하는데! 엄마보다 내가 더 많이 사랑해!'라면서 막 울먹이는데, 정말 짜릿했잖아."

팔불출 맞습니다. 고슴도치 엄마이지요. 아이의 말 한마디, 행동 하나 하나에 이렇게 의미를 부여하게 되는 사람이 부모가 아닐까 생각합니다. 자랑만 하는 건 아닙니다. 내 자식이지만, 가끔은 욕도 합니다. 우리 엄마가 가끔 "내가 널 낳고 미역국 먹은 게 후회된다" 하실 때처럼 저도 가끔은 투덜대고 싶습니다. 엄마니까, 자랑도 하고 욕도 하고 싶습니다. 그런데 하지 맙니다.

'회사에서 아이 이야기 금지. 책상 위 아이 사진 금지.'

엄마에게 자식 이야기를 하지 말라니요. 에이, 지금이 어떤 시대인데요. 엘리베이터에서 만난 선후배 동료들이 "아이는 잘 커?" 먼저 묻는걸요. '반가운' 질문에 성심성의껏 답합니다. 하지만 얼마 지나지 않아 이 질문이 "언제 밥 한번 먹어야지?"와 크게 다르지 않은, 진짜 질문이 아닌 인사치레라는 걸 깨달았습니다.

복직하기 전에 읽은 직장인을 위한 성공지침서에서는 책상을 아기 사진으로 도배하는 등의 개인적이고 사소한 일은 절대 금물이라고 했습니다. 업무에 집중하는 모습을 보여야 하고, 설사 육아 스트레스에 시달릴지라도 겉으로는 최대한 티를 내지 말라고 했습니다. '엄마 티 내지 말라'고요.

"대체 언제 나온 책이길래 성공지침이 이래?" 들춰봤더니 출간연도는 2005년. 옛날이야기려니 무시했는데 막상 복직해보니 현재에도 적용되는 이야기입니다. 아이와 관련된 주제는 여전히 꺼내기 어렵습니다.

그래서 현대판 홍길동이 됩니다. 회사에서는 '워킹맘'에서 '맘'을 숨깁니다. 아이가 보고 싶어도 보고 싶다고 말하지 못합니다. 아이가 생각나도 생각나지 않는 척합니다. 그러면서도 프로페셔널한 직장인과 아이 이야기가 왜 대척점인지, 잘 모르겠습니다.

"남자 주인공이 어찌나 멋있는지, 꿈에서라도 만나고 싶어서 드라마 끝나자마자 잠들었잖아." "그 매운탕집이 주인이 바뀌었는지 맛이 예전만 못하더라." 연예인 이야기, 회사 근처 맛집 이야기는 되고 아이 이야기만 안 된답니다. 남자 직원이 아이 이야기를 하면 가정적이라며 칭찬을 받지만, 여자 직원이 아이 이야기를 하면 "직장인지 집인지 구분 못 하나" 핀잔만 받습니다.

답답합니다. 그렇지만 하지 말라는데 꿋꿋이 아이 이야기를 할 강심장도 아닙니다. (소심한 거 인정합니다!) 욕구는 숨길 수는 있지만 없앨 수는 없다지요. 그래서 비밀그룹을 결성했습니다. 성공한 직장인이 되려면 하지 말라는 '아이 이야기'만 열심히 하려고요.

웅이 결이와 비슷한 또래의 아이를 키우는 회사 내 워킹맘들과 가끔씩 점심시간에 만납니다. 인사는 나누지만 식사를 같이 할 정도로 친하지는 않았습니다. 하지만 어린아이를 둔 워킹맘이라는 공통점만으로 우리는 할 이야기가 많습니다.

"4살 되니까 아이가 진짜 미운 짓을 하는데, 감당이 안 될 때가 있어요." "우리 애도 그랬는데, 5살 되니까 말이 좀 통하더라. 자기 딴에는 생각도 하는 것 같고." "22개월인데 벌써 기저귀를 떼려고 해요. 둘째라 빠른가 봐요." "엄마 아빠가 힘들게 돈 버는 거 아나 보네. 효녀야."

즐거웠습니다. 한 시간 내내 우리만의 대나무숲에서 아이 이야기에 열을 올리고, 아이들 생각에 잠깐 애잔해지고, 아이들이 있으니 힘을 내자고 서로를 응원했습니다. 그리고 우리는 아이 이야기를 할 때도 '프로페셔널'하다며 큭큭 웃었습니다.

전우가 필요합니다

"내가 지금 전쟁 중인데, 다른 전쟁 곁눈질할 틈이 어딨어요. 내 전쟁에만 집중해도 죽을 둥 살 둥인데…."

네, 전쟁 맞습니다. 진짜 전쟁이면 지휘관이라도 있을 텐데 '워킹맘 전쟁'은 내가 말단 병사이자 지휘관입니다. 내 손에 나의 행복과 가족의 행복이 달렸습니다. 내 한 몸 바쳐 정신없이 치열하게 싸웁니다. 그러다 문득, 나는 잘 싸우고 있는 걸까 궁금해집니다.

워킹맘 모임을 찾아봅니다. 조리원 동기 엄마들의 모임, 어린이집 같은 반 엄마들의 모임, 지역 커뮤니티… 엄마 모임은 많은데 워킹맘 모임은 찾기 쉽지 않습니다. 엄마라면 모두 가입해 있다는 인터넷 커뮤니티에 가입했습니다. 워킹맘 게시판이 있네요. 그런데 다른 게시판에 비해 적막합니다. 오프라인에서도 온라인에서도 '워킹맘 전우 모임'을 찾는 건 쉽지 않습니다. 다들 각자의 전장에서 피 터지게 싸

많이 만났으면

좋겠습니다.

이야기를

많이 나누면 좋겠습니다.

우느라 정신없으니까요. 하지만 급할수록 돌아가라고 했습니다. 전장이 치열할수록 전우를 찾아야 합니다.

웅이를 낳고 언제 복직하는 게 좋을까 고민했을 때 한 선배는 이렇게 말했습니다. "생후 3년은 아이 인생에 가장 결정적인 시기라고 하지. 초등학교 1학년도 엄마가 꼭 필요하대. 아이한테 사춘기가 오니 일하는 엄마를 둔 아이들은 사춘기도 더 독하게 겪는다며 또 말이 많아. 지나고 보니 자식 인생에 엄마가 꼭 필요하지 않은 순간은 없어. 그 시기마다 난 내 아이 옆에 없었구나 미안할 때도 있지. 하지만 아이의 모든 순간에 엄마는 절대적이니까, 일을 해야 한다면 마음먹은 그때 시작해도 되지 않을까."

둘째를 임신하고 '우리 회사에 육아휴직 두 번 쓴 경우는 거의 없는데…' 고개 숙였을 때 손을 잡아준 건 한참 고참인 선배 워킹맘이었습니다. "고민하지 말고 육아휴직 써! 그 대신 돌아와야 한다. 후배들을 위해 네가 하면 안 되는 일은 딱 하나야. 돌아오지 않는 것."

육아휴직을 6개월 할지 1년 할지 고민할 때 "네가 육아휴직을 6개월 썼는지 1년 썼는지는 너만 기억할 거야. 남의 일인데 그렇게 구체적으로 기억할 사람 없어. 기왕 쓸 거면 쓰고 싶은 만큼 써."라고 조언해준 선배 워킹맘도 있습니다.

복직이 얼마 남지 않았을 때, "선배 책상에 먼지가 너무 많이 쌓여 있어서 싹 치워놨어요. 어서 돌아오세요." 기다려준 후배도 있습니다.

어느 날 밤 침대에 누워 페이스북에 "퇴근하면 아이 둘이 서로 안 겨서 저녁도 잘 못 먹는다. 자려고 누웠는데 배에서 꼬르륵 소리가 난다."라고 올린 적이 있습니다. 다음 날 한 선배 워킹맘은 퇴근하는 저를 억지로 사내식당에 데려갔습니다. "나도 해봤는데 이게 나아. 이렇게라도 먹어야 애들하고 놀아줄 힘이 생기지. 어서 먹어."

맨몸으로 뛰어든 전쟁에서 전략과 전술을 알려주고 무기를 빌려준 건 선후배, 동료 워킹맘들입니다.

주말, 남편에게 아이를 맡기고 출근하는 게 영 마음 놓이지 않는다는 말에 선배 워킹맘은 "그 남자는 너의 남편이지만 아이들의 아빠야. 아이들은 네 자식이기도 하지만 남편의 자식이기도 해. 아빠를 믿어. 경험이 쌓이면 점점 능숙해져."라고 조언해주었습니다. 복직하고 처음 합류한 TF 회의에서 우물쭈물하고 있을 때 "아연 씨는 어떻게 생각해?" 일부러 물어준 선배도 있습니다.

선배 워킹맘들은 이렇게 보이게, 보이지 않게 앞에서 끌어주고 뒤에서 밀어줍니다. 각자의 전쟁에서 바쁜 그들은 너무도 고마운 전우입니다. 복도에서 잠깐 멈춰 서서 이야기를 나누는 것만으로도 도움이 됩니다. 같이 커피를 마시고 밥을 먹으면 말해 뭐합니까. 이 전쟁에서 승리할 수 있는 무기를 든든히 지원받은 것 같지요. 아무것도 해주지 않아도 됩니다. 가끔은 그냥 그 자리에 선배가 있다는 게, 선배의 등이 보인다는 게 위로가 됩니다.

유한킴벌리 이호경 전무는 워킹맘에게 가장 도움이 되는 사람은 나보다 1년 먼저 복직한 선배라고 말합니다. 나보다 조금 먼저 이 길을 걸었기에 지금 내가 어떤 고민을 하고 있는지 누구보다 잘 알고 있습니다. 선배가 지금 하고 있는 고민은 내가 조만간 하게 될 고민입니다. 그러니 선배의 한마디는 어느 전문가의 육아서보다 도움이 됩니다.

미국 잡지 『워킹마더』는 매해 '워킹맘이 일하기 좋은 100대 기업'을 발표합니다. 육아휴직, 육아지원, 유연근무, 여성 리더십 개발 등 4가지 항목이 선정기준인데요, 여성 리더십 개발 교육과 멘토링은 '워킹맘이 일하기 좋은 100대 기업'으로 선정된 100대 기업 모두에서 제공합니다. 이 외에도 네트워킹(96%), 경력 카운슬링(92%)도 있습니다.

그러니 많이 만났으면 좋겠습니다. 이야기를 많이 나누면 좋겠습니다. 복도에서 만났을 때 "힘들지" 어깨를 토닥여줬으면 좋겠습니다. 그리고, 그 자리를 지켜주셨으면 좋겠습니다. 이 전쟁을 함께해주셨으면 좋겠습니다.

기회에
대처하는
자세

기회가 왔습니다. 해보고 싶었던 일이고, 틈틈이 준비를 했고, 그래서 반가웠습니다. 하지만 두근두근했던 마음은 잠시였습니다. 기회이지만 위기가 될 수도 있다는 생각이 들었습니다.

5살 3살, 두 아이의 엄마이자 직장인. 시간 관련 연구에서 최악의 시간빈곤층으로 분류되는 워킹맘. 그 중에서도 스트레스가 가장 심하다는 만 5세 이하의 아이가 둘인 상황. 지금 찾아온 기회를 잡는 순간 나에게, 내 아이들에게, 내 가족에게 위기가 될 수 있음을 알고 있습니다. 하지만 기회의 신은 앞머리만 무성하고 뒷머리는 대머리라, 지나가면 다시는 붙잡지 못하는 것도 알고 있습니다. 저울질해보고 싶었지만 하지 않았습니다. 오래 생각하면 기회를 잡을 것 같아서 잠시 두근거렸던 마음을 진정시키고, 내려놓습니다.

"한국 사회에서 많은 여성들은 20대에 '커리어 하이'를 겪는다고 평가받는다. 서른 살을 전후해 결혼이라는 인생 일대의 '대' 행사를 앞두면, 남자는 대부분 '축복'을 받는다. 하지만 여성들은 본격적으로 커리어를 고민하기 시작하곤 한다."

얼마 전 회사 후배가 페이스북에 올린 글입니다. 댓글을 썼다 지웠다 썼다 지웠다, 반복하다 결국 댓글 대신 '좋아요'만 눌렀습니다.

맞습니다. 20대에 첫 직장 생활을 시작하며 한 계단 한 계단 올라 어느 날 차장이 되고 부장이 되고, 모든 사람의 아쉬움 속에 정년을 맞이하는, 그런 직장 생활을 그렸습니다.

결혼을 하고 임신을 하자, 한 계단 올라가는 대신 한 계단 내려온 기분이었고, 출산을 하고 육아휴직을 할 땐 또 한 계단을 내려와야 했습니다. 둘째 임신, 두 번째 육아휴직, 두 계단을 내려왔죠. 두 번째 육아휴직을 끝낸 시점, 한 계단이 아닌 마지막 계단까지 내려오느냐를 두고 고민했습니다. 아직은 끝내기 아쉬웠고, 복직을 했습니다. 업무 공백을 메우려고, 애엄마 일 못 한다는 이야기 듣기 싫어서, 엄마가 바깥일 하면 꼭 티 난다는 이야기 듣기 싫어서 일에도 가정에도 열심히 매달렸습니다.

임신과 출산으로 한 계단 내려왔지만, 열심히 하면 다시 올라갈 수 있을 거라고 생각했습니다. 하지만 엉덩이로 직장 충성도를 측정하는 이 사회에서 재택야근은 소용없습니다. 칼출근 칼퇴근만 기억할 뿐입니다. 한 계단 올라가기? 내려가지 않으면 다행이지요.

그래서 여자의 커리어 하이는 20대라는 후배의 말에 공감합니다. 전업맘이어도 워킹맘이어도, 평사원이어도 과장이어도, 일하는 여성의 전성기는 결혼과 임신 전 그때인 것만 같습니다.

결혼을 앞둔 후배가 있습니다. 이직을 하고 싶지만, 관심을 보였던 회사에선 미혼이리는 이유로 후배의 손을 잡지 않았습니다. 30대 초반, 곧 결혼할 나이니까요. 결혼한 뒤 이직이요? 결혼한 여성의 이력서는 곧 임신할 직원의 이력서이고, 임신한 여성의 이력서는 곧 휴직할 여성의 이력서, 휴직했던 여성의 이력서는 어린아이를 둔 엄마의 이력서가 됩니다. 모두 마이너스가 되는 스펙들입니다.

임신을 미룬 후배가 있습니다. 커리어를 쌓기에 임신과 육아는 걸림돌이란 걸 알기에 일단 커리어에 집중했다고 합니다. 새벽에 퇴근했다 새벽에 출근하는 날들의 연속이었고 동기들보다 빠르게 과장이 됐습니다. 이제 임신을 해야겠다, 마음을 먹었지만 난임 판정을 받았습니다. 난임 휴직을 한 후배는 "순서를 바꾸면 될 줄 알았는데, 아니었나 봐요"라고 했습니다.

어린아이 둘의 엄마인 저는 '마이너스 스펙'의 직장인입니다. 그래도 열심히 하니 고맙게도 기회가 생겼습니다. 그런데 잡지 않았습니다. 기회를 잡았다면 한 계단 오를 수 있었는데, 아쉽긴 합니다.

비슷한 시기에 복직한 선배는 이렇게 말했습니다. "내 커리어의 끝이 어딘지 매일 궁금해. 언제 어떻게 끝날지 너무 궁금하지 않아?" 온라인에서 만난 한 워킹맘은 "언제까지 출근할 수 있을지 모르니 매일 출근길이 이벤트 같다. 이렇게 뾰족구두를 신을 수 있는 날이 오늘까지일 수도 있어 발이 아파도 뾰족구두를 신는다."라고 말했습니다.

그냥, 그게 슬픕니다. 저는 20대였던 그 시절이 저의 '커리어 하이'였다는 걸 몰랐습니다. 열심히 하면 더 높이 오를 수 있을 줄 알았는데, 20대에 겪은 그것이 가장 높은 곳이었다는 게 두고두고 슬픕니다.

그렇다고 후회하진 않습니다. 기회를 놓친 게 아니라 잡지 않은 것이고, 아이를 위한 결정이 아니라 아이를 고려한 결정이었습니다. 엄마이자 직장인인 내가 선택한 것이라고, 강요받지 않았다고 생각합니다. 기회를 보내고 아쉬운 마음에 지역 커뮤니티에 글을 올렸습니다.

"지금 기회를 잡지 않은 대신 한숨 돌릴 기회를 잡은 거예요.""나에게도 '노(No)' 할 수 있는 용기가 필요합니다.""스스로를 아끼는 결정, 잘했습니다."

댓글에 조금 눈물이 났습니다. 30대 중반 워킹맘에게 기회란 그런 의미입니다.

요즘 결이 녀석 고집이 하늘을 찌릅니다. 외출할 때는 장난감 하나 꼭 들어야 합니다. 자기 몸집만 한 인형을 들고 나가겠다고 우긴 날이 있습니다.

"결아, 그 인형은 너무 커. 들고 나가면 무거워서 잘 걸을 수가 없어." "띠어!" "엄만 엄마 가방도 있고 짐도 있어. 결이가 무겁다고 해도 인형을 대신 들어줄 수 없어." "띠어!"

시간이 없습니다. 들고 나가면 왜 말렸는지 결이도 알게 되겠지요. 다음엔 고집하지 않을 겁니다. 결국 인형을 들고 나왔습니다. 결이는 아파트 로비를 벗어나자마자 인형 귀 한쪽만 잡고 질질 끕니다. "바닥에 끌리면 인형 아파. 이렇게 번쩍 안고 가야지." 두 팔에 꼭 안겨졌습니다.

못 들고 가겠다고, 도와달라고 할 줄 알았습니다. 그런데 끙끙거리면서도 놓지 않습니다. 잠깐 멈춰서긴 하지만 다시 걷습니다. "진짜 가지고 나오고 싶었나 보다. 그래, 하고 싶은 건 해야지." 혼잣말이 나옵니다.

하고 싶은 건 힘들어도 하게 됩니다. 힘든 줄 모르고 합니다. 억지로 하면 별일 아닌 일도 피곤합니다. 하고 싶지 않으니까요. 결이를 보며 다시 한번 깨닫습니다. 하고 싶으면 하자.

사서 걱정하는 편입니다. 최악의 시나리오를 만들고 미리 걱정합니다. 워킹맘이 되니 '미리 걱정'할 시간이 없습니다. 지금 이 상황을 해결하는 것만으로도 하루가 꽉 찹니다. 예상치 못한 일이 펑펑 터집니다. 가능한 한 빨리 수습해야 합니다. 후회해도 바꿀 수 없는 일, 걱정해서 대비할 수 없는 일이라면 묻어둡니다. 과거나 미래보단 현재에 집중하게 됩니다. "자, 이제 무얼 해야 하지?" 묻는 습관이 생겼습니다. 걱정하며 불안해할 시간이 없습니다.

그래서 가끔 무모하게 용감해집니다. '이 일을 하겠다고 나섰다가 쓰러지는 거 아닐까?' '이걸 감히 내가 해낼 수 있을까?' 수백 번 수만 번 고민했을 일인데, 이것저것 재지 않고 나도 모르게 '해보지 뭐' 덥석 잡아버립니다. 여자 서른, 커리어 잔치는 끝났다더니 정반대의 말을 하고 있죠? 그런데 그럴 때가 있습니다. 기회가 오면 깊이 고민하지 않고 뻥 차버리는 게 대부분이지만 아주 가끔 차버릴 새도 없이 덥석 잡아버립니다. 정말 하고 싶을 일일 때 그렇습니다.

아이도 낳아봤고, 복직도 해봐서 압니다. 닥치면 다 합니다. 닥쳤는데 별 수 있습니까. 해결해야지요. 기회를 보낸다고 해도 잡는다고 해도 워킹맘의 일상은 똑같이 힘듭니다. 조금 더 힘들거나 조금 덜 힘들거나입니다. 그렇다면 하고 싶은 일 하면서 조금 더 힘들어도 괜찮습니다. 하고 싶은 일이라면 어떻게든 되게끔 만듭니다. 힘들어도 즐겁습니다. 자신 없어도 됩니다. 아리스토텔레스도 그랬습니다.

"우리가 배워야만 할 수 있는 것들을 우리는 하면서 배운다. 예를 들어, 우리는 건축을 함으로써 건축가가 되고, 리라를 연주함으로써 리라 연주자가 된다. 마찬가지로 우리는 의로운 행동을 함으로써 의로운 사람이 되고, 온화한 행동을 함으로써 온화한 사람이 되고, 용감한 일을 함으로써 용감한 사람이 된다."

놓치고 나서 두고두고 후회할 기회라면 잡으세요. 내 커리어입니다. 누가 뭐래도 내가 끝낼 때까지 내 커리어 잔치는 끝나지 않습니다.

6

맞벌이 부부로 산다는 것

맞벌이 vs 외벌이,
남편이 흔들리다

"여보, 난 이렇게 웅이 안고 당신 퇴근 시간에 맞춰 마중 나올 때, 이런 게 행복이구나 싶어. 딱 지금 시간이 멈추면 얼마나 좋을까."

육아휴직 중 하루 일과는 매일 비슷했습니다. 그중 가장 기다렸던 시간은 오후 6시 반. 웅이를 안고, 혹은 손을 잡고 남편이 내리는 버스 정류장으로 마중 나갔습니다.

"복직하면 당신이 나보다 집에 먼저 도착하니까 내가 당신 마중 나올 일은 없겠다. 아쉽네."

"복직 안 하면 되지."

"그런가? 음… 그럴까?"

임신을 알게 된 순간부터 쭉 해온 그러나 결론은 내리지 못하는 고민. 그런데 남편은 매번 너무도 쉽게 말합니다. "복직 안 하면 되지."

"아이는 엄마가 키워야지. 돈은 아껴 쓰면 된다." 연애할 때부터 남편이 했던 말입니다. 아이를 낳고도 변하지 않았습니다. 남편 생각이 그만큼 확고하다는 뜻일 겁니다. 뭐, 나쁘지 않았습니다. 두 사람이 갈피를 못 잡는 것보단 한 사람이라도 확고하면 결정을 내릴 때 나을 테니까요.

10년 넘게 매달 25일 꼬박꼬박 입금되던 월급이 없으니 허전합니다. 금 '월급' 현상이랄까요. 육아휴직 급여가 들어오지만 기저귀 값이며 예방접종비며 손에 쥔 모래처럼 스르륵 빠져나가고 맙니다. 돈을 쓸 때마다 "이번 달 생활비 얼마 썼지?" 계산하고 또 계산했습니다. "월급이 들어오지 않는 게 영 이상해. 돈을 못 쓰겠어."라는 저에게 남편은 이렇게 말했습니다. "내가 월급 받잖아. 내 월급이 당신 월급이야. 우리 돈 있어. 괜찮아."

그런데 돈 때문에 스트레스 받지 말라던 남편도 시간이 지나며 경제적인 압박을 받았나 봅니다. 그럴 수밖에 없었습니다. 맞벌이인 우리 부부는 그동안 통장을 따로 관리했거든요. 남편 월급에서 대출금을 갚고 제 월급으로 생활비를 충당했습니다. 육아휴직을 하면서 남편 월급만으로 대출금과 생활비를 모두 감당했죠. 얼마 지나지 않아 남편은 마이너스 통장을 개설했습니다. 그리고 물었습니다.

“당신 월급이 얼마였더라?”

“○○○만 원 정도였지. 왜?”

“당신이 회사를 그만두면 우리 대출금은 어떻게 해야 하나 싶어서. 지금은 육아휴직 수당이라도 있지만, 사표를 내면 내 월급이 우리 수입의 전부니까….”

질문이 반가웠습니다. 내 복직이니 내가 결정하는 게 맞지만, 혼자 고민하기엔 버거웠거든요. “복직할까?”“그러면 웅이는 어쩌고?” 매번 고개를 젓던 남편의 대답이 달라졌습니다. 남편은 흔들리고 있었습니다.

어느 날은 빨래를 접다가 혼잣말처럼 물었습니다. “아무래도 사표 내야겠지? 웅이를 다른 사람 손에 맡기는 건 영 불안해.” 남편은 쳐다보지도 않고 말하더군요. “그럼 당신이 어디서 월급 구해오든가. 로또라도 해봐.”

남편에게 내 복직은 월급인가, 단순히 그렇게 생각하는 건가, 아득해졌습니다.

“월급을 구해와? 당신은 내가 집에서 노는 걸로 보여? 당신은 출퇴근이라도 있지. 나는 매일 밤샘근무야. 어젯밤에 웅이가 몇 번 깼는지 알기나 해? 매일 10kg 넘는 웅이 안고 다니느라 허리가 아파도 모유 수유하니까 파스 한 장도 못 붙이는데, 뭐라고? 뱉으면 다 말인 줄 알아? 그래, 나도 월급 받고 싶어. 일하고 싶어. 그런데 웅이는! 자면서도 나만 찾잖아. 그런 웅이 떼어놓고 출근할 생각하면 너무 미안해. 당신, 진지하게 내 입장에서 고민해본 적 있다면 그런 말 못 해!"

눈물을 꾹 참으며 눈 똑바로 보고 이야기했습니다. 그리고 방에 들어가 소리 죽여 펑펑 울었습니다. 다음 날 오전, 남편은 문자를 보냈습니다.

"미안해, 내가 잘못했어. 답답한 마음에 실수했어. 당신 마음 몰랐어. 이제부터 같이 고민해보자."

통계청에서 발표한 2015년 「사회조사」에 따르면 '여성취업에 대한 견해'를 묻는 질문에 남성의 81.9%는 직업을 가지는 것이 좋다고 답했습니다. 구체적인 시기를 물으니 49.6%는 '가정일에 관계없이' 직업을 가지는 것이 좋다고 답했습니다. 출산 전과 자녀 성장 후(24.2%), 자녀 성장 후(15.8%), 첫 자녀 출산 전까지(6.7%), 결혼 전까지(3.7%)라는 답이 뒤를 이었습니다.

쉽게 툭툭 내뱉던 남편은 그날 이후로 달라졌습니다. 진지하게 듣고 같이 고민했습니다. 제 잘못도 있었습니다. '내 복직' '내 사표'라고 생각했거든요. 내가 고민해서 내가 결정할 일이니 남편과 상의할 생각을 하지 않았습니다. 우리 가족, 우리 아이입니다. 그때부터 같이 고민했습니다.

가사 분담의
진화

　　"청소 빨래 설거지 내가 다 할게. 당신은 요리만 해." 결혼하기 전 남편은 자신 있게 약속했습니다. 마음에 없는 말은 못 해도 한번 뱉은 말은 지키는 남자입니다. 믿었습니다.

　　그런데 신혼여행에서 돌아온 첫날, 약속은 깨졌습니다. 6박 7일간의 신혼여행. 여행 가방 하나 가득 찬 빨래. 요리만 하라던 남편은 신혼집에 들어오자마자 침대로 가서 누웠습니다. '피곤하겠지. 오늘은 내가 하자.' 생각했지만 그 뒤로 '오늘도' 내가 하는 상황이 반복됐습니다. 그렇게 집안일의 축이 서서히 저에게 기울고 있던 어느 주말 오후, 점심을 먹고 빨래를 개고 있는데 싱크대에 쌓인 그릇이 보입니다. '곧 저녁 먹을 시간인데 이 남자는 설거지를 언제 하려나. 요리만

하라더니 내가 다 하네.' 버럭 화가 납니다. 피융 피융 컴퓨터게임 속 적에게 총을 쏘고 있는 남편 뒤통수를 향해 "차라리 한다는 말이나 말지. 대체 설거지를 하겠다는 거야, 말겠다는 거야!" 소리를 지르고 집을 나와 버렸습니다.

몇 년 앞서 결혼한 선배에게 하소연을 했습니다. 선배는 가사 분담을 하려면 엉덩이부터 무겁게 하라고 조언합니다. "집안일은 못 참고 일어나는 사람이 하게 돼. 보통 싱크대에 그릇이 쌓여 있을 때 참지 못하는 것도 여자, 먼지가 굴러다닐 때 참지 못하는 것도 여자야. 매번 네가 먼저 일어나는 게 반복되면 가사 분담은 물 건너가는 거지."

생각해보니 저도 그랬습니다. 남편은 "빨래는 내가 할게" 합니다. 그러고는 잠잠. 지켜보는 저는 조바심이 납니다. '언제 하려나, 저러다 까먹는 거 아니야? 스트레스 받느니 내가 해버리자.' 가출 시위를 한 (그러나 전혀 통하지 않은) 날도 마찬가지였습니다.

선배는 남편이 할 때까지 무조건 기다리라고 했습니다. 남편과 가사를 분담한다는 건, 가사를 믿고 맡긴다는 뜻이랍니다. 설거지가 남편 담당이라면 설거지를 점심 먹고 할지 저녁까지 먹고 한꺼번에 할지, 밀가루로 할지 세제로 할지, 고무장갑을 끼고 할지 맨손으로 할지는 모두 남편이 정할 일입니다.

"그런데 남자들은 그래. 엉덩이가 정말 무거워서 쉽게 일어나지 않아. 그래서 넌 속 터지지? 그럴 땐 물어봐. 지적하지 말고 언제 할 건지 계획을 묻는 거야. 빨리 해야 할 이유가 있으면 조율해."

그날 밤 남편에게 물었습니다.

"설거지는?" "해야지." "지금 할 거야?" "배부르니까 조금 쉬고." "언제? 오늘 생선 구워서 그냥 두면 계속 냄새날 것 같아서." "그럼 뉴스만 보고 할게."

같이 뉴스를 봤습니다. 뉴스가 끝나면 정말 할까? 궁금했습니다. 진짜 일어나더군요. 남편은 설거지를 했습니다. 물론 밥 먹자마자 하면 더 좋았겠지만, 일단 남편이 했다는 게, 남편이 할 때까지 제가 기다렸다는 게 중요했습니다.

★ 1단계: 부분 전담제

가사 분담은 조금씩 명확해졌습니다. 제가 세탁기를 돌리면 남편이 널었고, 제가 먼지를 제거하면 남편이 청소기를 돌렸습니다. 남편이나 저나 집안일에 능숙하지 않다 보니 '완전 전담제'보다는 '부분 전담제'가 편했습니다. 그런데 다시 문제가 생겼습니다. '부분 전담제'에서는 항상 제가 먼저 "이제 우리 빨래하자" "청소하자" 나서야 남편이 움직입니다. 이 말은 제가 없으면, 남편은 가사를 신경 쓰지 않는다는 뜻입니다. 조주은 입법조사관은 저서 『기획된 가족』에서 "여성들은 평일에도 남성이 부재할 때 혼자서 가사노동을 수행하지만, 남성들은 가사노동을 '훈련'받고 '가르침'을 도움 받을 수 있는 여성들이 존재할 때 한다."라고 했습니다. 부분 전담제에서는 가사일이 여전히 저의 주도로 이뤄질 수밖에 없습니다. 설거지를 계획부터 실행까지 모두 남편에게 맡겼듯 청소와 빨래도 '완전 전담제'로 바꿔봅니다.

★ 2단계: 완전 전담제

청소와 설거지는 남편, 빨래와 요리는 저. 이렇게 나눴습니다. 일단 남편은 '부분 전담제'로 그동안 가사일을 저와 함께 해왔기에 어떻게 하는지는 압니다. 다시 한번 설명합니다.

"청소하기 전엔 창문 얼룩, 협탁 위 먼지부터 닦아야 해. 바닥에 있는 물건들은 다 제자리에, 아니면 소파나 협탁 위로 올린 뒤에 청소기를 돌리는 거지."

남편은 고개를 끄덕였습니다. 그런데 남편이 닦은 창문에는 얼룩이 그대로, 청소기를 밀었는데도 머리카락이 굴러다닙니다.

"창문 얼룩은 입김 불어가며 지워야지." "저 액자 밑은 닦았어?"

남편 뒤를 졸졸 따라다니며 하나씩 말했습니다. "알겠어, 알겠어." 남편의 얼굴이 조금씩 구겨집니다. 땀 뻘뻘 흘리며 청소했는데 "할 거면 제대로 해"라며 핀잔을 받으니까요. 남편에게 집안일은 '해도 욕먹고 안 해도 욕먹는' 일입니다.

‘그래, 부족한 부분은 내가 채우자.’ 조용히 창문을 다시 닦고 머리카락을 주웠습니다. 결혼한 선배들은 이번에도 아니랍니다.

“남편이 담당하는 부분은 끝까지 남편 몫이야. 남편에게 권한을 위임한 것이니까 다시 하지 마.”

제가 마무리하면 남편은 청소했는데도 바닥에 떨어진 머리카락을 발견할 일이 없고, 그건 남편이 발전할 기회를 빼앗는 것이랍니다. 저같이 남편에게 이렇게 해라 저렇게 해라 지시하고 “그렇게 하는 게 아니야!” 지적하는 걸 ‘문지기 행동’이라고 부른다고 합니다. 미국 브리검영대 가족연구센터 새러 앨런 교수의 연구 결과에 따르면, 문지기 행동을 하는 아내가 가사 노동에 들이는 시간은 협력하는 아내보다 주당 5시간 많았습니다. 가사 분담에 득이 아닌 실이 된다는 이야기입니다. 무엇보다 문지기 행동을 하면 서로 기분이 상합니다.

★ 3단계: 권한까지 위임하기

문지기 행동을 하지 않기로 했습니다. 남편이 저라는 문지기를 거치지 않고 가사에 직진할 수 있게 문을 활짝 열어두기로 합니다. 그런데, 이게 참 어렵습니다. 지시하지 않는 것은 지시하는 것보다 훨씬 더 어려웠습니다. 남편은 조금씩 나아졌습니다. 동시에 저도 기준을 조금씩 낮췄습니다. 남편에게 설거지와 청소를 맡겼다는 건, 남편에게 권한까지 위임했다는 뜻이니, 그렇다면 내 기준이 아니라 남편

기준으로 바라보기로 했습니다. 청소를 했으면 머리카락 한 올도 떨어지면 안 된다는 건 내 기준, 설거지를 했으면 행주로 싱크대 물기까지 닦아야 한다는 것도 내 기준이니까요.

이 정도면 가사 분담이 자리를 잡았다고 생각했는데 복직을 하니 이야기가 달라집니다. 집안일을 할 수 있는 시간이 확 줄었습니다. 퇴근하고 돌아오면 아이들을 돌보고, 아이들이 잠들면 집안일을 합니다. 할 일이 산더미입니다. 설거지 담당인 남편은 자기 몫의 집안일이 끝났다며 소파에 앉아 쉬고 있습니다. 좀, 억울합니다.

맞벌이가 됐으니 남편이 가사를 더 많이 분담해야 한다고 생각했습니다. 일을 같이 하니 집안일도 똑같이 육아도 똑같이 나눠야 한다고 생각했습니다. 그런데 힘이 듭니다. 일과 육아, 살림을 병행하려니 벅찹니다. 남편이라고 다를 것 없습니다. 남편도 벅찹니다.

남편과 나누기 전에 살림의 총량부터 줄여야겠습니다. 우리 가족이 사는 집입니다. 우리 가족이 살기 불편하지 않으면 됩니다. 이걸 해야 해 말아야 해, 망설여질 때마다 남편에게 물었습니다. 남편의 집안일 기준이 저보다 낮으니 남편에게 맞추면 총량을 줄일 수 있습니다.

"여보, 화장실 청소 해야 할까?" "아직 깨끗한 것 같은데, 며칠 있다 하자."

오케이, 그럼 미룹니다. 양말을 개고 있으니 남편이 말립니다. "건조대에서 걷어서 바로 신으면 돼. 개지 마." 그 뒤론 개지 않습니다.

일단 집안일의 총량을 줄이고, 줄인 집안일을 같이 합니다. 남편이 설거지를 하는 동안 제가 아이를 돌보고, 남편이 아이를 돌보는 동안 저는 청소를 합니다. 맞벌이의 가사 분담, 같이 덜 움직이기로 합니다.

일요일,
아빠가
엄마 되는 날

"다녀올게." "응, 잘 다녀와."

일요일 출근 시간. 현관문을 나서는 저도, 배웅하는 남편도 가볍게 인사합니다. 주말에 출근하느라 온 가족이 함께하지 못하는 건 아쉽지만 아이들 걱정은 하지 않습니다. 남편이 있으니까요. 말 못 하는데 살아 있는 게 (=아기!) 제일 무섭다던 남편은 자타공인 '육아빠'가 됐습니다. 1년 전만 해도 아이들 외출 준비도 못 하던 남편인데, 신기합니다. 돌이켜보니 비결은 두 가지였습니다. 칭찬과 독박육아.

1년 전, 겨울 일입니다. 토요일 새벽부터 결이가 열이 났습니다. 주말에는 병원에 환자가 더 많지요. 남편에게 결이만 데리고 병원에 갈 테니 진료가 끝날 시간에 맞춰 웅이를 데리고 병원 앞으로 오라고 했습니다. 진료를 받고 보니 다행히도 결이는 가벼운 감기였습니다. 기분 좋게 병원을 나섰습니다. 병원 앞에는 남편과 웅이가 기다리고 있었습니다. "엄마 일찍 왔지?" 밝게 웃으며 차에 올라탔는데 웅이가 몸을 비틉니다.

"엄마, 나 바지가 불편해." "바지를 너무 추켜올렸나? 고추 있는 데가 불편해?" "아니, 답답해!"

이상합니다. 바지가 너무 두껍나? 웅이는 바지 두 벌 입는 거 싫어하는데 남편이 내복 위에 바지를 입혔을지도 모르겠습니다.

"여보, 내복 벗기고 바지 입혔어?"

"응, 내복 위에 입히다가 안 들어가길래 벗겼어."

"앞뒤 구분은 잘 했지?"

"그걸 내가 구분 못 했을까 봐. 원숭이 있는 데가 뒤잖아."

"원숭이? 웅이 바지에 원숭이 그림 있는 게 있었어?"

"응, 소파 위에 있는 바지."

더 이상합니다. 웅이 바지엔 원숭이 그림 있는 게 없습니다. 소파

위에 있던 바지… 아뿔싸. 혹시 어제 결이가 입었던 그 바지? 웅이 바지를 보니 결이 것 맞습니다. 18kg 웅이는 8kg 동생의 바지를 입고 있었습니다.

당신은 애 아빠라는 사람이, 그 바지를 결이가 한두 번 입은 것도 아닌데 아직도 그 바지가 결이 것인 줄도 모르냐, 웅이 옷장 뒤져볼 생각은 왜 안 하느냐, 저 바지를 내가 웅이 입히라고 꺼내놨다고 생각했다고 치자, 그렇다고 해도 입히면서 이상하진 않았냐…. 하고 싶은 말이 목구멍까지 올라왔지만, 꾹꾹 눌러 담았습니다.

'그래, 최소한 다음번엔 저 바지를 웅이에겐 안 입힐 거야. 혼자 애 챙겨 나온 적이 없으니 그럴 수 있어. 그럴 수 있지. 그럴 수 있다고 생각하자.' 후우, 후우, 심호흡을 크게 하며 마음을 다잡았습니다.

잔소리를 하고 싶지만 하면 안 됩니다. 남편에게 아이를 챙겨서 나와 달라고 했고, 남편은 아이와 함께 시간에 맞춰 병원 앞에 도착했습니다. 어찌 됐든 미션은 완수했습니다. 칭찬해야 합니다.

인류학자 세라 블래퍼 허디는 저서 『어머니의 탄생』에서 "여자들도 아기가 태어나자마자 무엇을 할지를 본능적으로 알게 되는 건 아니다. 하지만

여자들은 갓 태어난 아기와 단둘이 보내는 시간이 길기 때문에 시행착오와 경험을 통해 학습을 한다. 그래서 여자들은 아기가 필요로 하는 바를 남자들보다 빨리 알아차리게 된다. 남자들은 아기와 단둘이 보내는 시간이 그렇게 길지 않기 때문에 여자들처럼 자신감을 가지고 유능하게 대처하지 못하는 것뿐"이라고 말합니다.

경험이 쌓이면 남편도 좋은 주양육자가 될 수 있다는 말입니다. 제가 할 일은 경험할 기회를 많이 만들어 주는 것, 경험하고 싶어지게 하는 것입니다. 그러기 위해선 잔소리로 의욕을 꺾으면 안 됩니다. 연구 결과에 따르면, 아내가 문지기 행동을 하는 경우 남편의 양육 활동 참여는 문지기 행동을 하지 않는 경우에 비해 주당 8시간 적었습니다. 많은 아빠들이 육아에 나섰다가 아내의 핀잔에 주눅 든 적이 있다고 말합니다.

아이를 능숙하게 돌보지 못하면 뭐 어떻습니까. 아이를 돌봤다는 사실만으로도 훌륭합니다. 아이를 잘 다루는 사람이 아이를 돌보는 건 쉽지만 '초보 아빠'가 아이를 돌보는 건 어렵습니다. 어려운 것을 해냈으니 칭찬받아 마땅합니다. 첫술에 배부르지 않습니다. 저 또한 '초보 엄마' 시절이 있었습니다. 올챙이 적 시절을 생각합니다.

독박육아

두 번째 복직 후 주말 출근이 다가오면 남편과 '이번 주는 누구한 테 도와달라고 할까' 고민했습니다. 첫 번째 복직을 했을 때는 시터 이모님이 일요일에도 출근을 하셨지만, 두 번째 복직 후 오신 이모님 은 주말 출근이 어렵다고 하셨습니다. 그래서 남편이 일요일에 아이 둘을 보게 된 거죠. 처음에는 주로 시어머니나 아이들 고모네 식구가 우리 집으로 놀러 왔었죠. 한 달, 두 달이 지나고 매번 도와달라고 하 기 죄송스럽습니다. 언제까지 도움을 받을 수도 없는 노릇입니다. 남 편이 용기를 냈습니다. "이번 주는 나 혼자 해볼게."

그러고 보니 남편도 이제 5년 차 아빠, 결이가 아직 어리긴 하지만 싫다 좋다 의사표현은 할 수 있으니 큰 무리는 없을 것 같습니다. 눈 딱 감고 아이들을 남편에게 맡겼습니다. 자그마치 9시간입니다. 잠 깐 아이를 돌볼 땐 열심히 놀아주기만 하면 됩니다. 불편한 것이 있 어도 제가 돌아올 때까지 버티면 됩니다. 하지만 하루 종일 아이를 돌볼 땐 이야기가 달라집니다. 밥을 차리고 먹이고 재우고 씻겨야 합

276

니다. 아이들을 혼자 돌보니 기댈 사람이 없습니다. 남편은 웅이 옷 입힐 때도 "바지 어디 있지?" "양말은 뭐 신겨?" "두꺼운 옷 입힐까, 얇은 옷 입힐까?" 저에게 여러 번 묻곤 했는데 물어볼 사람이 없습니다. '주양육자'가 되어야 합니다.

'독박육아'를 앞둔 남편은 열심히 준비했습니다. 제가 결이 응가 뒤처리를 할 때 옆에 딱 붙어서 요령을 익혔습니다. 결이는 졸릴 때 오히려 더 뛰어다니는 것도 뒤늦게 알았습니다. 웅이 결이의 특성과 습관을 꼼꼼히 살폈습니다.

정우열 정신과 전문의는 "독박육아만이 아빠의 육아능력치 상승에 도움이 된다"라고 말합니다. 누울 자리를 보고 다리를 뻗는 것처럼 육아를 도와줄 사람이 없을 때 집중하고 긴장해서 해낸다는 것이죠. 그리고 장시간의 독박육아가 반복될 경우 육아 능력은 급상승하는 것 같습니다. 남편이 그랬던 것처럼요. 남편은 무사히 첫 독박육아를 해냈고, 점점 능숙해지고 있습니다. 처음 혼자 아이 둘을 돌봤을 때는 결이 기저귀 갈아줄 때도 놓치더니, 요즘은 점심 먹고 설거지까지 해둡니다. 그러니 눈 딱 감고 아이들을 남편에게 맡겨보세요. 짧게 말고 길게요. 아이 걱정은 하지 마세요. 아이 또한 누울 자리 보고 다리 뻗습니다. 아빠와 함께했던 날, 웅이는 반찬 투정도 덜 하고 결이는 낮잠시간이 되면 스스로 침대에 누웠습니다. 아이들은 어른보다 눈치가 빠릅니다. 주양육자에 맞춰 행동합니다.

부모 이전의
부부

"오늘 웅이 결이가 빨리 잘까?" "그건 웅이 결이만 알지." "빨리 자면 좋겠는데…."

말줄임표의 뜻을 압니다. 하지만 모르는 척합니다.

"아우, 왜 이렇게 피곤하지. 오늘은 세상에, 여기서도 아연 씨, 저기서도 아연 씨, 서로 자기 일이 급하다고 빨리 해달라고 하는데 나 육아휴직 했을 때 회사가 어떻게 굴러갔을까 싶었다니까." 그렇게 일이 많지는 않았는데, 과장에 과장을 더하고 억지로 하품을 합니다.

아이들을 재울 시간. "아무래도 내가 애들보다 먼저 잠들 것 같아. 내일 봐요." 아쉬운 듯, 남편 손을 슬쩍 잡고 아이들을 데리고 침실로 갑니다. 이 정도면 "빨리 자면 좋겠는데…" 했던 남편도 침실 문을 열지 못할 겁니다.

　결혼 후 가장 낯설고, 그런데 좋았던 것은 아침에 눈을 뜨면 남편이 있고 밤이면 남편 옆에서 잠든다는 것이었습니다. 여느 신혼부부가 그렇듯 어디를 가도 같이, 무엇을 해도 함께였습니다. 2인 3각인 양 손을 꼭 잡고 모든 일을 같이 했습니다. 알콩달콩한 만큼 '신호'도 자주 오갔습니다. 아이가 태어나고는 눈에 띄게 부부관계가 줄었습니다. 보통 1년에 10회 미만으로 부부관계를 갖는 경우 섹스리스 부부라고 한다고 합니다. 이 기준에 따르면 우리 부부는 섹스리스는 면했지만 남편이 원하는 만큼 관계를 갖지는 못합니다.

　말 그대로 피곤해서요. 핑계가 아닙니다. 하루 종일 동동거리며 일하고 나서, 손가락 까딱할 힘도 없을 때 침대에 눕는 날이 다반사입니다. 가끔 저도 남편에게 "애들 잠들었어" 신호를 보내고 싶을 때도 있지만 '혹시 아이들이 깨면 어쩌지?' 신경 쓰이기도 합니다. 아이들이 잠들기를 기다려 분위기를 잡으면 웅이가 뒤척이고, 다시 분위기를 잡으면 결이가 물을 달라고 일어납니다. 결국 두 녀석이 푹 잠들 때까지 기다리다가, 남편도 저도 잠들어버립니다. 한 연구 결과에 따르면 아이가 태어나면 그 전보다 부부관계는 3분의 1로 줄어든다고 합니다. 4살 이하 어린아이의 존재는 임신보다 부부의 성관계 횟수에 더 큰 '악영향'을 준다고 밝힌 연구도 있습니다.

　'다들 이렇게 사는 거지 뭐' 하고 넘기기엔 '부부도 몸이 멀어지면 마음도 멀어진다'는 어르신들의 말씀이 마음에 걸립니다. 부부에겐 대화만큼이나 몸 대화도 중요하다는데, 한때는 일상이었던 부부관계가 큰 맘 먹고 치르는 '이벤트'가 된 게 어색하고, 그 어색함이 익숙해진 게 이상합니다. 저 또한 남편과의 따뜻한 포옹, 가벼운 입맞춤은 늘 그립습니다. 누군가 그랬습니다. 그러다 어느 날 '가족끼리 왜 이래' 하는 순간이 온다고요. 그렇게 되는 건 싫습니다.

신혼여행을 마치고 시댁에 갔을 때 어머님은 "너희 부부 사이에 콩 놔라 배 놔라 하진 않겠다. 딱 하나만 지켜라. 어떤 일이 있어도 각방은 안 된다. 싸운 뒤라도 같이 자라. 한 이불 덮어야 화해도 빠르단다."라고 하셨습니다. 웅이를 낳고 산후조리를 할 때 친정엄마는 "아이 태어나면 남편이랑 따로 자기 쉬워. 한 번 떨어져서 자면 다시 같이 자기 어려워지니 애들 옆에서 잘 생각 마라." 당부하셨습니다. 쉽지 않았습니다. 웅이를 재우고 남편 옆에서 자다가도, 웅이가 깨면 다시 재우느라 웅이 곁으로 갔고, 재우다가 잠들었습니다. 예민한 웅이는 제가 끼고 잘 때 덜 깼습니다. 조금이라도 더 자려고 아이들 옆에서 잤고, 그게 남편에게도 저에게도 득이라고 생각했습니다.

아이들 옆에서 자다 보니 남편과 자연스레 살을 맞댈 기회가 적어진 것 같습니다. 은근한 신호가 오갈 기회가 줄었습니다. 이제 아이들이 어느 정도 자랐으니 남편과 살을 맞대는 것부터 자연스럽게 늘려볼까 합니다. 잠자리를 같이 하려고 합니다.

"무리는 하지 마.

난 당신이랑 오래오래 건강하게

같이 살고 싶으니까."

“여보, 우리 이제 같이 잘까?”

몇 번을 주저하다 말했습니다. 남편은 “그럴 수 있을까…” 말꼬리를 흐립니다. 아직 아이들이 자다가 한 번씩 깨고, 자기 전엔 멀쩡했는데 자다 갑자기 열이 날 때가 있다는 걸 아니까요. 하지만 제 눈엔 보입니다. 남편은 마음속으로 물개박수를 치고 있습니다.

서로의
'내 편'이 되다

"나 오늘 회식."

오후 5시 30분. 한창 저녁을 준비하고 있는데 남편에게서 메시지가 옵니다. "저녁 준비 다 했는데…. 일찍 말하지!" 휴대전화를 탁 내려놓습니다. 기껏 차린 밥상이 아깝고 남편이 일찍 와야 나도 좀 쉬는데 오늘 밤도 독박육아구나, 기운이 빠집니다. 복직하기 전, 남편과 자주 있던 일입니다.

요즘은 같은 상황에서 대화가 조금 다릅니다.

"나 오늘 회식이래. 어쩌지….""괜찮아. 내가 일찍 퇴근할게.""피곤할 텐데 미안.""ㅎㅎ 고기 많이 먹고 와요."

남편의 말에 미안함이 묻어납니다. 남편이 늦으면 제가 혼자 아이들을 봐야 하는데 남편은 이제 혼자 아이를 돌본다는 게 어떤 일인지 알고 있습니다. 저 또한 어쩔 수 없는 상황이라는 걸 압니다. 갑자기 회식이 잡혔으니 남편도 난감할 겁니다. 괜찮습니다. 오늘은 제가 서둘러 퇴근하면 됩니다. 요즘 반찬이 부실했는데 고기 좋아하는 남편이 한 끼 잘 먹고 왔으면 좋겠습니다.

남의 입장이 되어보다. 영어 표현으로 "Put oneself in a person's shoes."입니다. 맞벌이 부부가 되니 남편은 저의 신발을 신어보게 됩니다. 저 또한 남편의 신발을 신게 됩니다. 부부싸움 끝은 매번 "당신은 내 마음 몰라"였는데 이제 서로의 마음을 압니다.

남편도 성인, 저도 성인. 다 큰 성인이 만나 사랑을 하고 결혼을 했으니 순탄할 줄 알았습니다. 아니더군요. 남자 여자는 달랐고, 남편 아내는 더 달랐습니다. 아빠 엄마가 되니 더욱 더 달라졌습니다. 육아휴직을 하고는 남편은 집 밖에서 경제적인 책임을 지고, 저는 집 안에서 가사와 육아를 담당했습니다. 한 가정이라는 울타리 안에서 영역을 나눠 각자의 역할에 충실했습니다.

두 번째 육아휴직을 끝내고 복직하기로 결정했을 때 가장 마음에 걸렸던 것은 웅이 결이, 그다음은 남편이었습니다. 남편이 퇴근하고 집에 돌아왔을 때 반겨주지 못하고 따뜻한 밥 해주지 못하는 날도 많겠지 예상했습니다. 같이 힘 합치면 되겠지, 으쌰으쌰하며 첫 번째 복직을 했었지만 힘들었고 부부싸움도 잦았습니다. 앞으로 우리가 마주할 시간이 어떨지 알기에 더 미안했습니다. 남편은 딱 한 달만 해보자고 했습니다.

출근 시간이 1시간 빨라졌을 때, 매주 야근 당번을 서게 됐을 때 남편은 "무슨 회사가 애엄마한테 야근까지 하라고 해." 뿔난 목소리로 대답했습니다. 오후 9시. 이제 퇴근해야지, 책상을 정리하고 있으면 전화벨이 울렸습니다. 어디냐고 묻는 남편이었습니다.

그런데 요즘은 조금, 아니 많이 달라졌습니다. 하던 일을 마무리하고 시계를 봤더니 9시 반입니다. 헉, 언제 시간이 이렇게 됐지. 휴대전화를 봅니다. 9시면 남편이 매번 전화하는데 휴대전화에 부재중 전화가 없습니다. 이제 출발한다고 전화를 하는데, 전화도 받지 않습니다. 무슨 일이지? 택시를 타고 집에 달려갑니다. 현관문 밖으로 결이 울음소리가 들립니다. 결이가 아빠 품에 안겨 잠투정을 하고 있습니다.

"전화하지 그랬어."

"전화한다고 일찍 올 수 있나. 마음만 불편하지. 그럼 더 늦어질 테고."

일찍 올 수 없으니 야근하고 있는 직장인, 그렇지 않아도 가시방석, 아이들 울음소리가 들리면 더 뾰족해진 가시방석에서 안절부절못하는 엄마, 그 마음을 남편이 알아줍니다.

복직한 지 1년이 되던 날, 남편에게 물었습니다. "나, 사표 낼까?"

나는 나인 동시에 엄마이고 아내입니다. 그래서 내 사표는 내 것이지만 내 것만은 아닙니다. 두 아이의 것이고 우리 가정의 것이기도 합니다. 다 닳은 구두를 보며 수선을 맡길까 새로 살까 고민하는 건, 언제까지 회사를 다닐지도 모르는데 새 구두를 사기 아까워서입니다. 똑 떨어진 BB크림을 주문하며 큰 걸 살까 작은 걸 살까 망설이는 건 내일 사표를 낼 일이 생길지도 모르기 때문입니다. 마음은 정년까지 회사를 다니고 감사패를 받으며 퇴사하고 싶고, 그렇게 하려고 노력하겠지만, 아이에게, 우리 가정에 무슨 일이 생기면 아이들 곁으로 돌아와야 합니다.

딱 한 달만 해보자고 했었는데, 1년이 지난 지금 남편은 무슨 말을 할까 궁금해집니다.

"당신 마음대로." 의외입니다. 그리고 툭 덧붙입니다. "무리는 하지 마. 난 당신이랑 오래오래 건강하게 같이 살고 싶으니까."

새런 미어스와 조애나 스트로버는 저서 『완전한 평등을 향하여』(*Getting to 50/50*)에서 각종 연구를 종합해 맞벌이 부부도 육아와 결혼 생활 모두에서 성공할 수 있다고 결론을 내렸습니다. 부부가 경제적 책임과 자녀 양육을 분담했을 때 아내는 죄책감이 줄어들고 남편은 가정에 더욱 애정을 쏟으며 아이들도 잘 자랐습니다.

우리 부부도 육아와 결혼, 직장 생활 모두에서 만족했으면 좋겠습니다. 웅이 결이도 잘 자라면 좋겠습니다. 노력할 겁니다. 그리고 무엇보다 무리하지 말라는, '엑셀'만 밟는 마누라의 '브레이크'가 되어주는 이 남자와 함께라면 괜찮은 맞벌이 부부, 괜찮은 부모가 될 수있을 거라는 자신이 생겼습니다. 지금처럼요.

이제 막 복직한
워킹맘에게

힘들죠? 정신없죠? 마음은 무겁고 몸은 피곤할 겁니다. '아메바는 자기 몸을 쪼개서 복제도 하던데, 나도 팔 하나 뚝 떼어서 나를 하나 더 만든 다음 회사랑 집에 한 명씩 두고, 다리 떼서 한 명 더 만들어 하루 종일 재우면 좋겠다.' 말도 안 되는 생각을 진지하게 하고 있을지도 모릅니다.

"저보다 아이가 힘들죠. 전 괜찮아요."

괜찮다, 괜찮다 하고 있는 것도 압니다. 하지만 괜찮은 척이죠. 출근길 아이가 울 때 아이보다 더 크게 속으로 울고, 회사에선 하루라도 빨리 공백을 메우려고 누구보다 더 애쓰고 있잖아요. 집도 회사도 당신에겐 일터라 편히 쉴 곳이 없습니다. 회사에서는 회사라 방긋방긋,

집에선 아이들 때문에 방긋방긋. 울고 싶어도 울 곳조차 없습니다. 저도 그랬습니다. 마음이 많이 무겁던 어느 날, 깜깜한 퇴근길에 털썩 주저앉아 울었던 기억이 납니다.

아마 당신은 30대 초중반일 겁니다. 회사에서는 실무를 가장 많이 담당할 연차입니다. 그런데 출산과 육아로 공백이 생겼습니다. 내 입지를 단단하게 해야 할 시기에 자리를 비웠었으니 마음이 바쁩니다. 대기업에 다니는 한 친구는 "동기들이 하나둘 승진하는데 나는 임신을 했다. 출산휴가 3개월 쉬는 것도 마음이 편치 않다. 육아휴직은 포기할 생각"이라고 했습니다. 육아휴직을 쓰고 복직한 친구는 "복직한 날 부장이 '1년 쉬었으니 실적으로 보여줘야지' 했다. 부담감에 숨이 막혔다"라고 했습니다.

그렇다고 일에만 집중할 수도 없습니다. 당신은 엄마가 세상의 전부인, 엄마의 사랑과 손길이 절대적인, 어린아이의 엄마니까요. 일이 아무리 많아도, 주변에서 아무리 눈총을 줘도 눈 딱 감고 칼퇴근해야 합니다. 화장실 가는 척 슬쩍 퇴근하려고 코트를 입지 않은 채 회사를 나서는 날도 있을 겁니다. 그렇게라도 아이가 기다리는 집에 가야 합니다.

당분간은 집도 회사도 양보하지 않을 겁니다. 선배 워킹맘들은 지금이 내 워킹맘 인생에서 가장 힘든 시간이라고 말합니다. 사단법인 여성·문화네트워크가 '워킹맘 고통지수'를 조사한 결과 워킹맘 전

체의 73.1%가 고통을 호소했습니다. 그중에서도 30대 워킹맘(80.0%)은 40대보다, 막내 자녀 나이가 5세 미만인 워킹맘(83.8%)은 6세 이상보다 고통지수가 높았습니다. 5세 미만 자녀를 둔 30대 워킹맘의 고통지수가 가장 높았다는 말입니다. 이는 점점 나아질 거라는 말이기도 합니다. 적어도 아이들이 하루 더 자라는 내일은, 한 달 뒤는 오늘보다 덜 힘들 겁니다. 출근할 때면 눈물 콧물 빼던 웅이도 5살이 되더니 "엄마, 회사에 가도 괜찮아"라고 합니다. "일 열심히 하고 밤에 보자" 하고 힘차게 손도 흔들어 줍니다. 고마운 일입니다.

딱 한 달만 해보자는 마음으로 복직을 했는데 어느덧 6개월이 지나 1년까지 왔습니다. 1년이 지나면 정답이 보일 줄 알았습니다. 그런데 여전히 길거리에서 아이를 안은 엄마를 마주치면 과연 내 선택이 옳았을까, 내 자리가 여기가 맞나 흔들립니다. 그저 오늘도 워킹맘과 전업맘 사이에서 워킹맘의 길을 선택한 내 결정을 정답이라고 믿고 정답으로 만들어가고 있습니다. 아이들에게 미안해질 때도 있습니다. 그럴 땐 워킹맘 엄마라 해줄 수 있는 것을 생각합니다. 외벌이일 때보다 경제적으로 여유롭습니다. 아이들에게 좀 더 많은 기회를 줄 수 있습니다. 엄마인 동시에 인생 선배입니다. 일본 속담에 '아이는 부모의 등을 보고 자란다'는 말이 있습니다. 아이들은 힘든 상황에서도 일을 놓지 않고 즐기려 애쓰고, 아이들에게도 최선을 다하는 당신의 아름다운 '등'을 보며 잘 자랄 겁니다.

무엇보다 걱정되는 것은 당신의 '열심'입니다.

할 일이 많을수록 마음이 분주해지고 시간의 압박에 시달릴 것입니다. 하루 24시간은 정해져 있으니 잠 덜 자고 밥 안 먹으며 시간을 아끼는 수밖에요. 하루이틀 하고 끝날 엄마 노릇 아닙니다. 하루이틀 다니고 그만둘 회사 아닙니다. 길게 보세요. 100m 달리기가 아니라 마라톤입니다. 끝까지 달리려면 페이스 조절을 해야 합니다. 복직 초반, 100m 달리기를 하듯 하루하루를 보내는 저를 보고 선배 워킹맘은 "넌 애 키우면서 일까지 잘하려고 하니. 애 키우면서 일하는 것만으로 대단한 거야."라고 했습니다. 피식 웃고 말았습니다. 그런데 그 말이 두고두고 힘이 됩니다.

완벽하지 않아도 됩니다. 오늘도 이 자리에서 최선을 다했으면, 그걸로 충분합니다.

첫 월급을 받으면 보약부터 한 재 해드세요. '그 돈 아껴서 애들 옷 사주겠다' 하는 생각은 접고요. 아이를 키우는 것도 나, 일을 하는 것도 나입니다. 나 챙기기를 소홀히 하지 마세요. 건강해야 엄마 노릇도 직장 생활도 욕심껏 할 수 있습니다.

그리고 잊지 마세요. 아이들이 원하는 건 '행복한 엄마'입니다. 가정과 직장 문제 연구소의 앨런 갤런스키가 8~18세 어린이 1000명에게 부모에게 바라는 것 딱 한 가지를 물은 적이 있습니다. 많은 아이들이 '부모님과 더 많은 시간을 보내고 싶어요'라고 답했지요. 그런데 그보다 더 많은 아이들은 '부모님이 덜 피곤하고 스트레스를 덜 받으면 좋겠다'고 답했습니다. 우리에게 아이들의 행복이 중요한 만큼 우리 아이들도 부모의 행복을 바라고 있습니다.

생각해보세요. 아이들을 웃게 하는 가장 쉬운 방법은 내가 먼저 크게 웃는 겁니다. 내가 웃으면 아이는 이유를 몰라도 같이 웃습니다. 아이는 부모의 감정을 먹고 자랍니다. 그러니 지금 우리가 할 일은 완벽한 나, 완벽한 엄마가 아닌 행복한 나, 행복한 엄마가 되는 것입니다. 행복하세요. 항상 응원하겠습니다.

참고 자료 및 출처

『기획된 가족』, 조주은 지음, 서해문집 2013

『난 엄마가 일하는 게 싫어』, 안느마리 피이오자·이자벨 피이오자 지음, 임영신 옮김, 아름
　　다운사람들 2013

『리퀴드 러브』, 지그문트 바우만 지음, 권태우·조형준 옮김, 새물결 2013

『린 인』, 셰릴 샌드버그 지음, 안기순 옮김, 와이즈베리 2013

『못 참는 아이 욱하는 부모』, 오은영 지음, 코리아닷컴 2016

『부모로 산다는 것』, 제니퍼 시니어 지음, 이경식 옮김, 알에이치코리아 2014

『알베르 카뮈 — 태양과 청춘의 찬가』, 김영래 엮음, 토담미디어 2013

『어머니의 탄생』, 세라 블래퍼 허디 지음, 황희선 옮김, 사이언스북스 2010

『엄마라는 직업』, 헴마 카노바스 사우 지음, 유혜정 옮김, 이마 2016

『엄마만 느끼는 육아감정』, 정우열 지음, 팬덤북스 2015

『우리 아이 괜찮아요』, 서천석 지음, 예담Friend 2014

『타임 푸어』, 브리짓 슐트 지음, 안진이 옮김, 더퀘스트 2015

『프로페셔널의 조건』, 피터 드러커 지음, 이재규 옮김, 청림출판 2012

『하루 3시간 엄마 냄새』, 이현수 지음, 김영사 2013

『회사가 당신에게 알려주지 않는 50가지 비밀』, 신시아 샤피로 지음, 공혜진 옮김, 서돌
　　2007

권태희『소득과 시간빈곤 계층을 위한 고용복지정책 수립방안』, 한국고용정보원 2014

김소영『미취학자녀를 둔 부부의 무급노동시간 변화와 관련요인』, 서울대학교 2016

박종서『취업여성의 일·가정양립 실태와 정책적 함의』, 한국보건사회연구원 2016

손문금『돌봄노동 종사자 직무만족도 제고 방안』, 서울시여성가족재단 2012

유해미 배윤진 김문정『맞벌이 가구의 영유아 자녀 양육 지원 실태 및 개선 방안』, 육아정
　　책연구소 2014

예지은『직장인의 행복에 관한 연구』, 삼성경제연구소 2013

통계청 「2015 일·가정양립 지표」

통계청 「2016 일·가정양립 지표」

통계청 「2015 사회조사」

Daniel Kahneman, *A Survey Method for Characterizing Daily Life Experience: The Day Reconstruction Method*, Science 2004

Jean Kimmel and Rachel Connelly, *Mothers' Time Choices: Caregiving, Leisure, Home Production, and Paid Work*, The Journal of Human Resources 2007

Joanna Barsh and Lareina Yee, *Unlocking the full potential of women in the U.S. economy*, Mckinsey&company 2011

Joel M. Hektner, Jennifer A. Schmidt, Mihaly Csikszentmihalyi, *Experience Sampling Method: Measuring the Quality of Everyday Life*, SAGE publications 2007

Marissa Miley and Ann Mack, *The New Female Consumer: The Rise of the Real Mom*, ad age 2009

Matthias Krapf, Heinrich W. Ursprung, Christian Zimmermann, *Parenthood and Productivity of Highly Skilled Labor: Evidence from the Groves of Academe*, FEDERAL RESERVE BANK OF ST. LOUIS Research Division 2014

Melissa J. Williams, Serena Chen, *When "mom's the boss": Control over domestic decision making reduces women's interest in workplace power*, Group Processes & Intergroup Relations 2014

Sarah M. Allen and Alan J. Hawkins, *Maternal Gatekeeping: Mothers' Beliefs and Behaviors That Inhibit Greater Father Involvement in Family Work*, Journal of Marriage and Family 1999

Scott Lind, M.D., *Competency-based student self-assessment on a surgery rotation*, Journal of Surgical Research 2002

Sharon Meers and Joanna Strober, *Getting to 50/50: How Working Couples Can Have It All by Sharing It All*, Bantam Books 2009

Shelley J. Correll, *Getting a Job: Is There a Motherhood Penalty?*, American Journal of Sociology 2007

Suzanne M. Bianchi, John P. Robinson, and Melissa Milkie, *Changing Rhythms of American Family Life*, russell sage foundation 2006

Torkel Klingberg, *The Overflowing Brain: Information Overload and the Limits of Working Memory oxford university press*, Oxford University Press 2009

Van Dongen HP, Maislin G, Mullington JM, Dinges DF, *The cumulative cost of additional wakefulness: dose-response effects on neurobehavioral functions and sleep physiology from chronic sleep restriction and total sleep deprivation*, Sleep 2003

Vaughn call, Susan Sprecher and Pepper Schwartz, *The Incidence and frequency of marital sex in a national samp*, Journal of Marriage and Family 1995

나는 워킹맘입니다
일하는 엄마를 위한 행복한 육아 이야기

초판 1쇄 발행 • 2017년 3월 31일
초판 5쇄 발행 • 2020년 9월 28일

지은이 • 김아연
펴낸이 • 강일우
책임편집 • 김보은
조판 • 박지현
펴낸곳 • (주)창비
등록 • 1986년 8월 5일 제85호
주소 • 10881 경기도 파주시 회동길 184
전화 • 031-955-3333
팩시밀리 • 영업 031-955-3399 편집 031-955-3400
홈페이지 • www.changbi.com
전자우편 • ya@changbi.com

ⓒ 김아연 2017
ISBN 978-89-364-7348-8 13590

* 이 책 내용의 전부 또는 일부를 재사용하려면
  반드시 저작권자와 창비 양측의 동의를 받아야 합니다.
* 책값은 뒤표지에 표시되어 있습니다.